THE SALAD

THE SALAD

밥이 되는 완벽한 한 끼 샐러드

더 샐러드

사 먹는 것보다 맛있고 푸짐하다
든든하게 먹고 건강도 챙기는 요즘 샐러드 56가지

장연정 지음

중앙books

PROLOGUE

푸드 스타일리스트로, 요리 연구가로 늘 바쁘게 지냈습니다. 주어지는 일 마다하지 않고 열심히 살았다고 생각했는데, 가장 중요한 건강을 놓치고 있었더라고요. 결국 지난해 큰 수술을 받고 나서야 생활 습관과 식생활을 돌아보게 되었습니다. 자는 것, 먹는 것 그 어느 하나 좋은 점수를 줄 수 있는 것이 없더라고요. 그리고 그중 가장 나쁜 것은 음식이었죠. 바쁘게 촬영 준비를 하다 보면 오히려 시켜 먹거나 사 먹어야 할 때가 많았거든요.

어쩌면 제 건강이 나빠진 것은 이러한 습관에서 비롯된 것이라는 생각이 들었어요. 그래서 수술 후 몸을 회복하면서 먹는 것에 신경 쓰기 시작했답니다.

건강을 챙기려 먹었던 음식 중 최고의 메뉴를 고르자면, 단연 샐러드입니다. 우리가 흔히 알고 있는 보양식은 무겁고 기름져 오히려 먹고 나면 컨디션이 더 안 좋아질 때가 많았어요. 하지만 샐러드는 메인 토핑으로 어떤 것을 올리든 늘 속이 편안하고 든든했습니다. 신선한 채소를 듬뿍 섭취하니 에너지도 넘쳤어요. 그렇게 샐러드식은 저의 일상이 되었죠.

몸이 회복되고 다시 일에 복귀했을 때부터는 종종 샐러드를 사 먹어야 할 때도 생겼어요. 시판 샐러드는 맛있었지만 늘 양이 적었어요. 먹을 당시에는 배부른 것 같아도 뒤돌아서면 헛헛해지기 일쑤였죠. 그럼 결국 다른 군것질에 손을 뻗게 되는 경우도 많았고요.

그런 아쉬움에 이 책을 썼답니다. 아주 푸짐하고 맛있어서 다음 끼니까지 배고프지 않은 샐러드 56가지를 담았습니다. 외국 드라마나 영화에서 본 것처럼 큰 볼에 샐러드를 가득 만들어 우걱우걱 퍼먹는 푸짐한 샐러드부터 요즘 샐러드 가게에서 파는 원 플레이트 샐러드, 주스나 수프에 곁들어 먹으면 더 맛있는 샐러드, 빵에 끼워 먹는 샐러드, 따뜻한 웜 볼과 포케까지. 국내에서 해외에서 모두 인기 있는 샐러드를 엄선해 담았답니다.

이 책과 함께 샐러드식 한번 시작해보세요. 따라 해보면 샐러드가 충분히 든든하고 맛있는 밥이 된다는 것을 느끼게 될 거예요.

장연정

CONTENTS

THE SALAD

Part 1
Tips for Making a good Salad
샐러드를 만들기 전에 알아야 할 것들

Part 2

One Bowl Salad
원 볼 샐러드

Part 3

One Plate Salad
원 플레이트 샐러드

Part 4

Salads with Juice or Soup
주스나 수프와 곁들이는 샐러드

Part 5

Salad in a Sandwich
빵에 끼워 먹는 샐러드

Part 6

Warm Bowls & Poke
웜 볼 & 포케

Tips for Making a good Salad

Part 1

샐러드를 만들기 전에
알아야 할 것들

Salad Veggies
샐러드 채소 종류부터 고르는 법까지

샐러드를 한 끼 식사로 더 건강하게 즐기려면 자주 사용되는 재료들을 알아두세요. 이 페이지에선 샐러드 채소 및 기타 재료들의 종류와 고르는 법까지 알아두면 좋은 내용들을 모았습니다. 이것만 알아도 샐러드를 제대로 된 한 끼로 꾸리는 데 도움이 될 거예요.

양상추	아삭아삭하고 상쾌한 식감으로 샐러드에 가장 많이 사용하는 채소. 수분 함량이 90%가 넘고 칼로리가 낮아 다이어트에 좋다. 고를 때는 뿌리 쪽을 살펴보아 갈색인 것은 피하고 들었을 때 묵직한 것을 고른다.
루꼴라	비타민과 철분 등 미네랄이 풍부하며, 쌉싸름하면서도 고소한 맛이 있어 샐러드에 많이 쓰인다. 줄기가 너무 억세지 않고 잎이 시들지 않은 것으로 고른다.
로메인	상추의 일종으로 상추보다 쓴맛이 덜하고 고소한 맛이 있다. 비타민C가 풍부한 편으로, 고를 때 잎에 반점 없이 깨끗하고 선명하며 윤기 나는 것을 고른다.
상추	고기 먹을 때 빼놓을 수 없는 상추도 좋은 샐러드 채소. 비타민과 미네랄이 풍부하며 특히 줄기 속 유액에 함유된 알칼로이드 성분이 숙면에 도움을 준다. 고를 때는 이파리가 너무 얇지 않으면서 연한 것을 고른다.
양배추	비타민U가 풍부해 위장병에 효과가 있으며 식이섬유가 많아 장운동과 다이어트에 효과적이다. 겉잎이 연한 녹색을 띠며 들었을 때 묵직한 것을 고른다.
프리세·치커리	고소하면서 쌉쌀한 맛이 나는 치커리의 한 종류로 컬리드 엔다이브라고 불린다. 줄기 쪽은 쓴맛이 강하므로 이파리 쪽을 쓰는 것이 좋다. 잎이 시들지 않고 연한 녹색을 띠는 것을 고른다.
어린잎채소	각종 채소들을 잎이 어릴 때 수확한 것으로 쓴맛이 적고 식감이 부드러워 샐러드 채소로 좋다. 다만 수분에 약해 쉽게 무르므로 먹을 만큼만 구입하는 것이 좋고, 보관할 때는 물기를 제거한 뒤 비닐팩에 담아 냉장 보관한다.

오이	칼륨이 풍부해 체내 노폐물 배출에 도움을 주고 부종을 예방한다. 대부분의 경우 버리는 것 없이 사용하나 아삭아삭한 식감의 샐러드를 만들 때는 물컹거리는 씨 부분을 도려내고 사용하는 것이 좋다. 표면의 가시가 살아 있고 꼭지가 싱싱하며 굵기가 일정한 것이 좋다.
당근·미니 당근	풍부한 베타카로틴이 항산화와 노화 방지에 효과적이며 기름과 함께 조리하면 베타카로틴의 흡수율을 높일 수 있다. 고를 때는 표면이 매끄럽고 색이 일정한 것을 고른다.
양파·적양파	매운맛을 내는 알리신 성분이 항산화 작용을 하고 콜레스테롤 수치를 낮춰준다. 샐러드에는 일반 양파보다 알이 작고 단맛이 도는 적양파도 많이 쓰인다. 눌러 보았을 때 단단하고 껍질이 잘 말라 있는 것을 고른다.
파프리카	비타민C가 풍부하며, 파프리카 색에 따라 함유된 영양소가 다르다. 색이 선명하고 물렁거리지 않으며 꼭지가 너무 마르지 않은 것이 좋다.
토마토·방울토마토	붉은색을 내는 라이코펜이라는 색소가 뛰어난 항산화, 함암 효과를 가지고 있으며 당근과 마찬가지로 기름과 함께 조리하면 영양소 섭취율을 늘릴 수 있다. 색이 선명한 빨간색을 띠고 꼭지가 싱싱한 것을 고른다.
고구마	비타민뿐만 아니라 식이섬유가 풍부해 장운동을 돕는다. 다만 칼로리가 높은 편이라 다이어트 중이라면 섭취량에 주의하도록 한다. 색이 진하고 표면이 상처 없이 깨끗하며 모양이 일정한 것이 좋다.
단호박	비타민과 미네랄이 풍부하며 높은 당도에 비해 칼로리가 낮아 다이어트에도 좋은 식품이다. 색이 고르고 단단하며 들어보았을 때 묵직한 것을 고른다.
옥수수	식이섬유가 많고 지방 함량이 적은 채소로, 샐러드에서는 단맛이 강하고 생식이 가능한 초당옥수수나 통조림 옥수수를 사용한다. 껍질이 선명한 녹색을 띠고 껍질을 까보았을 때 알갱이가 촘촘한 것이 좋다,
아보카도	비타민과 미네랄이 풍부하며 특히 피부 건강에 도움을 주는 필수지방산이 많이 들어 있다. 색이 진하고 손으로 쥐었을 땐 탄력적인 것이 좋으며, 너무 단단한 것은 아직 익지 않은 것이니 실온에 며칠 두고 익힌 뒤 먹도록 한다.

Tips for Making a good Salad

병아리콩 단백질과 비타민, 미네랄이 고루 풍부하고 식이섬유 또한 많이 들어 있다. 마른 병아리콩은 사용 전 물에 불려야 하는데 그 과정이 번거롭다면 통조림 병아리콩을 사용하도록 한다. 마른 병아리콩을 살 때에는 표면에 흠집이 없는 것이 좋다.

렌틸콩 단백질 함량이 25%가 넘을 정도로 많이 들어 있으며 식이섬유 또한 풍부해 콜레스테롤 수치를 낮추는 데 도움을 준다. 삶아서 샐러드 위에 얹어 먹으면 단백질 섭취에도 좋고, 씹는 맛을 높일 수 있다. 표면이 매끄럽고 돌이 섞이지 않은 것을 고른다.

현미 식이섬유가 풍부할 뿐만 아니라 백미에 비해 탄수화물 함량이 낮고 칼로리도 절반이라 다이어트 식품으로 좋다. 쌀알이 많이 부서지지 않고 입자가 고른 것이 좋다.

퀴노아 쌀의 2배 이상의 단백질을 함유하고 있으며 필수아미노산 8종이 골고루 들어 있다. 끓는 물에 삶아 샐러드에 넣으면 씹는 맛을 더하고 단백질을 보충할 수 있다. 씻을 때 찬물에서 거품이 나오지 않을 때까지 문질러 씻으면 쓴맛을 줄일 수 있다.

귀리 퀴노아와 마찬가지로 쌀의 2배 이상의 단백질과 풍부한 필수아미노산을 함유하고 있다. 전체적으로 모양이 길쭉하고 통통하며 잘 건조된 것이 좋다. 밀폐용기에 넣고 통풍이 잘 되는 서늘한 곳에 보관한다.

율무 구수한 맛이 있어 샐러드에 자주 사용하는 곡물로 식이섬유가 풍부하고 이뇨 작용을 해 부종 예방에 효과적이다. 고를 때는 표면이 연한 갈색을 띠며 윤기가 돌고 씨눈이 붙어 있는 것이 좋다.

햄프시드 대마의 씨앗으로 단백질과 미네랄이 풍부하고 칼로리가 낮다. 고소하면서 부드러운 식감을 가지고 있어 샐러드뿐만 아니라 수프나 요거트 토핑으로도 사용할 수 있다.

카무트(호라산밀) 이집트의 쌀로, 가장 유명한 브랜드인 '카무트'가 널리 알려지며 호라산밀 대신 카무트라고 불리고 있다. 밀보다 고소하고 담백한 맛이 나며 쫀득한 식감이 특징이라 곡물 샐러드 베이스로 좋다.

바질　특유의 청량하고 달콤한 향이 있는 허브로, 요리에는 생잎 그대로 쓰거나 말려서 곱게 빻은 가루를 사용한다. 토마토, 올리브오일 등과 맛의 궁합이 좋아 샐러드에서 자주 사용하며 생바질을 고를 때는 잎에 상처 없이 윤기가 나며 진한 초록색을 띠는 것을 고른다.

이탈리안 파슬리　다른 허브에 비해 부드러운 향으로 여러 재료들과 잘 어우러져 요리에 자주 쓰인다. 색이 선명하고 잎이 마르지 않은 것이 좋으며 노랗거나 갈색 반점이 있는 것은 피한다. 수분에 약한 편이므로 남은 것은 물기를 완전히 제거한 뒤 냉장 보관한다.

고수　동남아 요리나 중국 요리에 자주 사용되는 향이 매우 강한 향신료로, 생잎으로 사용하면 비린 맛은 덜하고 샐러드에 독특한 풍미를 줄 수 있어서 이 책에서 자주 사용한다. 고를 때는 잎과 줄기가 연하고 향이 강한 것이 좋다. 기호에 맞지 않는다면 생략하도록 한다.

민트　싸하면서도 청량한 향이 특징인 허브로, 책에서는 달콤한 향취가 강한 애플민트나 시원한 향이 주를 이루는 페퍼민트를 많이 사용한다. 바질과 마찬가지로 생잎, 가루 두 종류가 있으며, 생잎을 고를 때는 잎 전체가 부드러운 솜털로 덮여 있는 것을 고른다.

커민　이국적인 향과 톡 쏘는 쓴맛을 가진 향신료로 샐러드 토핑으로 올리는 고기를 양념할 때나 드레싱에 이국적인 느낌을 낼 때 사용한다. 열매를 통째로 말린 것과 말린 열매를 가루를 낸 것이 있는데 이 책에서는 가루로 된 커민을 사용한다.

케이준 시즈닝·갈릭 스테이크 시즈닝
매콤하면서도 달콤한 향이 나는 가루 양념으로 각종 육류의 잡내를 없애주고 느끼한 맛을 잡아줘 고기를 밑간하는 용도로 유용하다.

Salad Dressings

자주 쓰이는 샐러드 드레싱 재료

샐러드의 맛을 좌우하는 것은 뭐니 뭐니 해도 드레싱이죠. 이 페이지에서는 드레싱 만들 때 자주 쓰이는 재료를 소개할게요. 드레싱 재료를 잘 알아두면 집에서도 시판 제품보다 맛있고, 첨가제를 넣지 않은 건강한 드레싱을 만들 수 있으니 꼭 알아두세요.

엑스트라버진 올리브오일

불포화지방산과 비타민E가 풍부한 식물성 오일로, 정제 과정에 따라 종류가 나뉘는데 드레싱 재료로는 올리브의 맛과 향이 가장 뛰어난 엑스트라버진 올리브오일을 사용하는 것을 추천한다. 개봉한 뒤부터 빠르게 산화되므로 햇빛이 들지 않는 서늘한 곳에 두고 6개월 내에 섭취하는 것이 좋다.

레드와인 식초·화이트와인 식초

레드와인이나 화이트와인을 발효시켜 만든 식초로, 요리에 사용하는 일반 양조식초보다 신맛이 덜하고 상큼하고 새콤한 맛이 나 드레싱에 자주 쓰인다.

발사믹식초

레드와인 식초나 포도즙을 숙성시킨 식초로, 유기산이 풍부해 피로 회복 효과가 있다. 깊은 맛과 향이 있어 드레싱에 자주 사용되는데, 좋은 발사믹식초는 신맛이 덜하고 포도 특유의 단맛이 많이 난다.

레몬즙

레몬의 과즙만 모은 주스로, 드레싱에 상큼하고 신맛을 더하는 역할을 한다. 간편하게 시판 레몬즙을 사용해도 좋지만 레몬을 직접 짜 쓰면 향과 맛이 더 풍성해진다.

마요네즈

식용유와 식초, 달걀노른자로 만드는 소스로 드레싱에 고소한 맛을 더하고 걸쭉한 질감으로 만든다. 지방 함량에 따라 여러 종류가 있는데, 저칼로리(하프) 마요네즈보다는 일반 마요네즈가 지방 함량 및 칼로리는 높으나 고소한 맛이 더 강하다.

플레인 요거트·그릭 요거트
우유에 유산균을 넣어 발효시킨 유제품으로, 크리미한 드레싱 베이스로 쓰여 부드러운 맛과 질감을 낼 때 소량 추가한다.

머스터드
겨자를 물이나 식초 등으로 곱게 개어둔 소스로, 들어가는 재료에 따라 종류가 다양한데 드레싱에는 겨자맛이 강한 디종 머스터드와 그보다는 향이 부드럽고 알갱이가 씹히는 홀그레인 머스터드를 주로 사용한다.

스리라차소스
고추와 식초, 설탕으로 만든 태국식 칠리소스로 맵고 칼칼하면서도 새콤한 맛이 난다. 마요네즈나 요거트와 맛의 궁합이 좋아 매콤한 드레싱을 만드는 데 주로 쓰인다. 칼로리가 매우 낮아 다이어트 시에도 좋다.

꿀
천연 감미료로, 샐러드 드레싱에서는 주로 설탕 대신 건강한 단맛을 내는 데 쓰인다. 수분을 잘 빨아들이기 때문에 잘 밀봉해 보관해야 하며 꿀 대신 올리고당으로 대체할 수 있다.

후추
후추나무 열매를 말린 향신료로, 매콤한 향과 맛이 있어 드레싱의 풍미를 높인다. 열매 수확 시기에 따라 흑후추, 백후추로 나뉘고 주로 흑후추를 많이 쓰기는 하나 요리의 색을 고려해 백후추를 쓰는 경우도 있다. 가루로 된 제품도 좋지만 통후추를 그라인더에 갈아 쓰면 더 진한 향을 느낄 수 있다.

핑크솔트

천연 암염으로 80여 가지의 다양한 미네랄이 함유되어 있으며, 다른 소금에 비해 짠맛과 신맛이 적어 드레싱 재료로 적합하다. 이 책에서는 재료를 소금에 절이는 경우를 제외하고 대부분 짠맛이 적은 핑크솔트를 사용하고 있는데 만약 핑크솔트 대신 일반 소금을 사용할 때에는 레시피에서 제시하는 소금 양을 80% 정도로 줄여 넣도록 한다.

Salad Prep

미리 만들어두는 샐러드 절임 채소, 플레이크와 오일

절임 채소와 플레이크, 풍미 오일을 미리 만들어두면 조리 시간을 줄일 수 있을 뿐만 아니라 샐러드에 다양한 맛을 더해주고, 식감을 높여준답니다. 또한 이 레시피들은 샐러드뿐만 아니라 다양한 용도로 활용 가능해요. 절임 채소는 반찬으로, 플레이크는 다양한 요리의 토핑으로, 풍미 오일은 볶음 요리에 사용하는 기름으로 활용할 수 있으니 꼭 한 번 만들어보세요.

당근 라페

채 썬 당근을 상큼하게 버무린 상큼한 프랑스식 샐러드.

INGREDIENTS

기본 재료

☐ 당근 2개(400g)
☐ 소금 1작은술

양념

☐ 엑스트라버진 올리브오일 3큰술
☐ 레몬즙 2큰술
☐ 오렌지주스 2큰술
☐ 홀그레인 머스터드 1큰술
☐ 설탕 1큰술
☐ 다진 이탈리안 파슬리 약간
☐ 후춧가루 약간

DIRECTIONS

1   당근은 깨끗이 씻은 뒤 껍질을 벗기고 채칼로 가늘게 채 썬다.

2   채 썬 당근과 소금을 볼에 넣고 골고루 섞어 10분간 절인다.

3   ②의 절인 당근에 양념 재료를 모두 넣고 고루 섞는다.

4   밀폐용기에 담은 뒤 냉장실에 2~3시간 정도 숙성시킨다.
    TIP 냉장고에서 일주일 정도 보관 가능해요.

선드라이드 토마토

바짝 말린 토마토를 올리브오일에 절여 만드는 오일 피클.

INGREDIENTS

기본 재료

☐ 방울토마토 30개
☐ 마늘 5톨
☐ 식초 1큰술
☐ 소금 약간
☐ 로즈메리잎 1~2줄기
☐ 올리브오일 적당량

DIRECTIONS

1 방울토마토는 깨끗이 씻어 꼭지를 없앤 뒤 반 자른다.

2 오븐팬에 유산지나 테프론 시트를 올린 뒤 방울토마토를 올리고
소금을 골고루 뿌린다.

3 75도 오븐에서 7시간 정도 구워 건조시킨다. 중간중간 꺼내
열기를 식히고 다시 굽기를 반복한다.
TIP 습도가 거의 없고 햇빛이 강한 계절이라면 햇볕에 말려도 좋아요.

4 끓는 물에 식초를 넣은 뒤 구운 토마토를 살짝 데친 다음 체에
밭쳐 물기를 없앤다.
TIP 토마토를 살짝 데치면 과육이 부드러워져요.

5 마늘은 너무 두껍지 않게 편으로 썬다.

6 밀폐용기에 ④의 토마토, 마늘, 로즈메리 순으로 넣고 토마토가
잠길 때까지 올리브오일을 붓는다.
TIP 올리브오일을 충분히 부어 토마토가 완전히 잠겨야 곰팡이가 생기지 않아요.

7 냉장실에서 하루 이상 숙성시켜 먹는다.
TIP 선드라이드 토마토는 개봉 전까지 상온 보관도 가능해요. 개봉 후에는 냉장실에서
6개월까지 보관할 수 있어요.

모둠 채소 피클

여러 가지 채소를 새콤달콤하게 절인 모둠 피클.

INGREDIENTS

기본 재료

☐ 빨강 파프리카 1/2개
☐ 노랑 파프리카 1/2개
☐ 콜리플라워 30g
☐ 연근 50g
☐ 식초 1큰술

절임물

☐ 식초 3큰술
☐ 설탕 3큰술
☐ 소금 1큰술
☐ 통후추 약간
☐ 물 1컵

DIRECTIONS

1 연근은 껍질을 벗겨 얇게 슬라이스한 뒤 식초 1큰술을 넣은 찬물에 10분간 담갔다가 끓는 물에 살짝 데친다.

2 파프리카는 흰 심지와 씨를 제거한 다음 사방 2.5cm 크기로 네모지게 자른다.

3 콜리플라워는 한 입 크기로 자른다.

4 손질한 채소를 밀폐용기에 담는다.

5 냄비에 절임물 재료를 넣고 한소끔 끓인 뒤 통후추를 건져낸다.

6 ④에 뜨거운 절임물을 붓는다.

7 한 김 식으면 밀봉해 냉장고에서 넣고 12시간 이상 숙성시켜 먹는다.

   TIP 냉장고에서 한 달 이상 보관 가능해요.

사워크라우트

잘게 썬 양배추를 소금에 절여 발효시킨 새콤한 독일식 김치.

INGREDIENTS

기본 재료

□ 양배추 1통(1kg)
□ 식초 2큰술
□ 소금 1큰술

DIRECTIONS

1   양배추는 4등분으로 잘라 단단한 심지를 제거한 뒤 반 자른다.

2   자른 양배추는 식초물에 10분간 담갔다가 찬물에 헹구고 체에 밭쳐 물기를 뺀다.

3   양배추는 적당한 크기로 깍둑썰기 하거나 가늘게 채 썬다.
    TIP 채 썰기가 번거롭다면 적당한 크기로 잘라 준비해도 좋아요. 너무 크지만 않다면 소금을 넣고 주무를 때 잘게 찢어져요.

4   채 썬 양배추와 소금을 볼에 넣고 양배추에서 물이 나올 때까지 손으로 바락바락 주무른다.

5   밀폐용기에 양배추를 담고 꼭꼭 눌러 양배추가 즙에 완전히 잠길 수 있게 한다.
    TIP 누름돌이나 작은 컵을 사용해도 좋아요. 양배추가 즙에 완전히 잠겨야 곰팡이가 생기지 않아요.

6   햇빛이 들지 않고 기온이 15도 정도 되는 서늘한 곳에서 1주일 정도 숙성시킨 뒤 냉장 보관한다.
    TIP 숙성 기간은 계절이나 보관 장소의 온도에 따라 가감하세요. 15도보다 낮으면 10일 정도 숙성시키고, 그보다 높다면 기간을 줄이는 편이 좋습니다.

방울토마토 피클

껍질 벗긴 토마토 과육을 달콤상큼하게 절인 과일 피클.

INGREDIENTS

기본 재료

☐ 방울토마토 30개
☐ 양파 1/2개

절임물

☐ 엑스트라버진 올리브오일 3큰술
☐ 레몬즙 3큰술
☐ 화이트와인 식초 2큰술
☐ 올리고당 2큰술
☐ 파슬리가루 약간
☐ 소금·후춧가루 약간씩

DIRECTIONS

1 방울토마토는 꼭지를 떼고 윗부분에 십자(十)로 칼집을 내어준다.

2 끓는 물에 방울토마토를 넣어 1~2분간 데친 뒤 얼음물에 담갔다가 식혀 껍질을 벗긴다.

3 양파는 잘게 다진다.

4 껍질 벗긴 토마토와 다진 양파, 절임물 재료를 볼에 넣고 고루 섞는다.

5 밀폐용기에 넣고 냉장실에 하루 정도 숙성시켜 먹는다.
   TIP 냉장고에서 2주 정도 보관할 수 있어요.

동남아식 무절임

피시소스를 넣은 절임물에 채 썬 무와 당근을 넣은 동남아식 채소 초절임.

INGREDIENTS

기본 재료

☐ 무 400g
☐ 당근 300g
☐ 레몬 1/2개
☐ 페퍼론치노 3개
☐ 고수 약간(생략 가능)

절임물

☐ 식초 200g
☐ 설탕 150g
☐ 피시소스 30g
☐ 물 150g

DIRECTIONS

1   무와 당근은 깨끗이 씻어 껍질을 벗긴 뒤 가늘게 채 썬다.

2   레몬은 얇게 슬라이스한다.

3   냄비에 절임물 재료를 넣고 설탕이 녹을 때까지 한소끔 끓인 뒤 불에서 내려 한 김 식힌다.

4   소독한 유리 밀폐용기에 무와 당근, 레몬, 페퍼론치노, 고수를 담고 ③의 절임물을 붓는다.
    TIP 고수는 기호에 따라 생략해도 좋아요.

5   절임물이 식으면 냉장고에서 하루 정도 숙성시킨다.
    TIP 냉장고에서 한 달 정도 보관할 수 있어요.

코울슬로

잘게 썬 양배추를 마요네즈로 맛을 낸 고소한 저장 샐러드.

INGREDIENTS

기본 재료

☐ 양배추 1/4통(250g)
☐ 미니 파프리카 1개
☐ 통조림 옥수수 5큰술
☐ 식초 2큰술
☐ 설탕 1큰술
☐ 소금 1/3큰술

소스

☐ 마요네즈 3큰술
☐ 레몬즙 3큰술
☐ 그릭 요거트 2큰술
☐ 설탕 1큰술
☐ 소금·후춧가루 약간씩

DIRECTIONS

1   양배추는 사방 1.5cm 크기로 네모지게 자른다. 파프리카도 반
    잘라 흰 심지와 씨를 깨끗하게 제거하고 양배추와 같은 사이즈로
    자른다.

2   양배추와 식초와 설탕, 소금을 볼에 넣고 20분간 절인 뒤 손으로
    물기를 꼭 짠다.

3   통조림 옥수수는 체에 밭쳐 흐르는 물에 씻은 뒤 물기를 제거한다.

4   절인 양배추와 파프리카, 통조림 옥수수, 소스 재료를 볼에 넣고
    골고루 섞는다.

5   밀폐용기에 담아 냉장실에서 하루 정도 숙성시킨다.
    TIP 냉장고에서 1주 정도 보관할 수 있어요.

Tips for Making a good Salad

마늘 플레이크

매운맛을 없앤 뒤 바삭바삭하게 구운 마늘칩.

INGREDIENTS

기본 재료

☐ 마늘 400g
☐ 카놀라유 200mL

DIRECTIONS

1 마늘은 얇게 썰어 찬물에 1시간가량 담가 매운맛을 뺀 뒤 흐르는 물에 헹구고 키친타월로 물기를 없앤다.

2 팬이나 냄비에 카놀라유를 붓고 중불로 달군 뒤 기름이 끓어오르면 마늘을 넣고 노릇노릇해질 때까지 튀긴다. 마늘이 노릇노릇해지면 불에서 내려 잔열로 마저 튀긴다.

3 키친타월 위에 튀긴 마늘을 올려 기름을 빼고 한 김 식힌다.

4 한 김 식힌 마늘은 고운체 위에 올려 마저 식힌다.

5 밀폐용기에 마늘 플레이크를 담고, 마늘을 튀기고 남은 기름은 오일병에 따로 담아 샐러드 오일로 사용한다.

TIP 마늘 플레이크는 냉장고에서 한 달 보관 가능하고, 마늘 오일은 냉장 보관으로 1주일, 냉동 보관으로 한 달 보관 가능해요. 마늘 오일에는 로즈메리 10g이나 페퍼론치노를 넣어 보관해도 좋습니다.

양파 플레이크

채 썬 양파를 노릇노릇하게 튀긴 샐러드 플레이크.

INGREDIENTS

기본 재료

□ 양파 1개
□ 카놀라유 200mL

DIRECTIONS

1 양파는 껍질을 벗긴 뒤 칼이나 채칼로 가늘게 채 썬다.

2 키친타월에 채 썬 양파를 올린 뒤 조심스럽게 눌러 수분을 제거한다.

3 냄비에 카놀라유를 붓고 중불에 달군 뒤 기름이 끓어오르면 양파를 넣고 나무젓가락으로 15분 정도 살살 저어가며 갈색이 될 때까지 튀긴다.

4 튀긴 양파는 키친타월 위에 펼쳐 올려 기름을 빼고 완전히 식힌다.

5 밀폐용기에 양파 플레이크를 담고, 양파를 튀기고 남은 기름은 오일병에 담아 샐러드 오일로 사용한다.
   TIP 양파 플레이크는 냉장고에서 한 달 보관 가능하고, 양파 오일은 냉장 보관으로 1주일, 냉동 보관으로 한 달 보관 가능해요.

샐러드의 풍미를 더해주는 샐러드 오일

마늘이나 양파를 기름에 튀겨낸 뒤 남은 오일을 따로 보관해두면 또 다른 샐러드 재료로 요긴하게 사용할 수 있습니다. 드레싱의 베이스 오일로 사용해도 좋고요. 특히 곡물이 들어가는 샐러드를 만들 때 삶은 곡물을 이 샐러드 오일로 버무려두면 곡물끼리 서로 달라붙지 않게 하고 샐러드의 맛과 향을 높여준답니다.

One Bowl Salad

Part 2

원 볼 샐러드

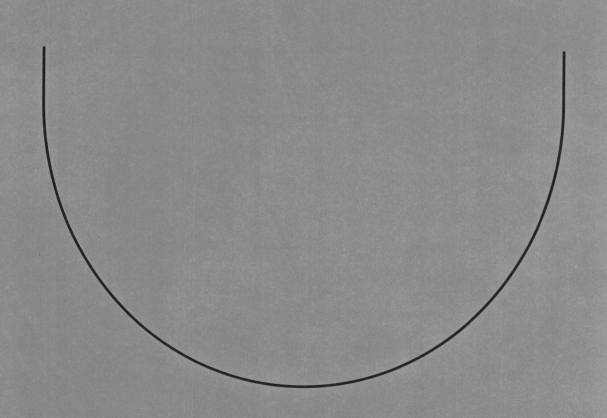

샐러드, 이제 양껏 즐겨요.

One Bowl Salads

미국이나 유럽의 드라마를 보면 주인공이 이런저런 재료들을 듬뿍 넣은 큰 볼을 끌어안고, 소파에 앉아 TV를 보며 샐러드 먹는 모습을 한 번쯤은 봤을 거예요. 그런 푸짐한 샐러드를 소개할게요. 먹고 돌아서면 헛헛해지는 예전의 샐러드는 잊으세요. 채소 듬뿍, 고기 듬뿍, 과일 듬뿍, 뭐든지 듬뿍 듬뿍 넣고 드레싱 홀홀 둘러 푸짐하게 즐기는 샐러드를 즐겨보세요.

Chicken Parmesan Nugget Salad

파르메산 치킨너깃 샐러드

짭조름한 치킨너깃만큼 샐러드에 잘 어울리는 토핑은 없을 거예요. 이 레시피에서 파르메산 치즈가루와 아몬드가루로 만들어 담백하고 고소한 치킨너깃 레시피를 소개할게요.

INGREDIENTS

2인분

기본 재료

- ☐ 루꼴라 200g
- ☐ 샐러드 믹스 200g
- ☐ 토마토 3개
- ☐ 미니 모차렐라치즈 10알

파르메산 치킨너깃

- ☐ 닭가슴살(100g) 3개
- ☐ 아몬드가루 3큰술
- ☐ 파르메산 치즈가루 2큰술
- ☐ 바질가루 2작은술
- ☐ 마늘가루 1/2작은술
- ☐ 핑크솔트 1/2작은술
- ☐ 후춧가루 1/4작은술
- ☐ 카놀라유 약간

발사믹 드레싱

- ☐ 엑스트라버진 올리브오일 4큰술
- ☐ 발사믹식초 4큰술
- ☐ 레몬즙 1큰술
- ☐ 올리고당 1큰술
- ☐ 핑크솔트 약간
- ☐ 후춧가루 약간

1 루꼴라와 샐러드 믹스는 흐르는 물에 씻은 뒤 체에 밭쳐 물기를 뺀다.

2 닭가슴살은 흐르는 물에 씻어 물기를 없앤 뒤 핑크솔트와 후춧가루로 30분 밑간한다.

3 토마토는 반달 모양으로 6등분하고, 미니 모차렐라치즈는 체에 밭쳐 물기를 뺀다.
   TIP 생모차렐라치즈를 사용할 때는 사방 2cm크기로 잘라 준비하세요.

4 쟁반이나 넓은 접시에 아몬드가루, 파르메산 치즈가루, 바질가루, 마늘가루를 넣고 포크로 살살 섞어 치즈 시즈닝을 만든다.

5 ②의 밑간한 닭가슴살에 치즈 시즈닝을 골고루 입힌다.

6 중불로 달군 팬에 카놀라유를 두르고 닭가슴살을 올려 앞뒤로 5분씩 노릇하게 굽는다. 구운 닭가슴살은 완전히 식힌 뒤 먹기 좋은 크기로 자른다.

7 드레싱 재료를 한데 넣고 고루 섞어 발사믹 드레싱을 만든다.

8 ⑦의 볼에 루꼴라, 샐러드 믹스, 토마토를 넣고 가볍게 버무려 드레싱으로 코팅한다.

9 파르메산 치킨너깃과 보코치니치즈를 올린다.
   TIP 바질잎을 약간 넣어 향긋함을 더해도 좋아요.

Part 2

One Bowl Salad

Jambon and Arugula Salad

잠봉 루꼴라 샐러드

프랑스식 햄 잠봉을 올린 클래식한 샐러드예요. 재료는 심플해도 맛은 전혀 단순하지 않아요. 다진 양파를 넣은 크리미한 랜치 드레싱 사이사이 짭짤한 햄과 쌉싸름한 루꼴라가 씹히는 맛이 일품이니 꼭 한 번 만들어보세요.

INGREDIENTS 2인분

기본 재료

☐ 루꼴라 200g
☐ 샐러드 믹스 200g
☐ 잠봉 100g
☐ 선드라이드 토마토 8개
☐ 파르메산 치즈가루 약간
☐ 후춧가루 약간

요거트 랜치 드레싱

☐ 플레인 요거트 100g
☐ 마요네즈 60g
☐ 올리고당 2큰술
☐ 다진 양파 1½큰술
☐ 레몬즙 1큰술
☐ 파슬리가루 1큰술

DIRECTIONS

1 루꼴라와 샐러드 믹스는 흐르는 물에 씻은 뒤 체에 밭쳐 물기를 뺀다.

2 드레싱 재료를 한데 넣고 고루 섞어 요거트 랜치 드레싱을 만든다.

3 루꼴라와 샐러드 믹스를 가볍게 섞어 그릇에 담고 잠봉을 올린다.

4 선드라이드 토마토를 군데군데 올린 뒤 파르메산 치즈가루와 후춧가루를 뿌린다.

5 먹기 직전 요거트 랜치 드레싱을 뿌린다.
   TIP 샐러드에 크루통을 올려도 좋아요.

Mexican Style Shrimp Salad

멕시칸 쉬림프 샐러드

통통한 새우살로 이국적인 멕시칸 쉬림프 샐러드를 만들어보세요. 요즘엔 멕시칸 시즈닝 하나만 있어도 현지 부럽지 않은 맛을 낼 수 있답니다. 여기에 매콤한 스리라차 마요 드레싱까지 더하면 사 먹는 것보다 훨씬 맛있는 멕시칸 샐러드를 만들 수 있어요.

INGREDIENTS

(2인분)

기본 재료

- ☐ 샐러드 믹스 200g
- ☐ 대하 10마리
  (또는 칵테일새우(대))
- ☐ 방울토마토 10개
- ☐ 아보카도 1개
- ☐ 적양파 1/2개
- ☐ 할라피뇨 1개
- ☐ 레몬 1/2개
- ☐ 고수 10g
- ☐ 가염버터 2큰술
- ☐ 멕시칸 시즈닝 솔트 1큰술

스리라차 마요 드레싱

- ☐ 마요네즈 3큰술
- ☐ 스리라차소스 1큰술
  (또는 핫소스)
- ☐ 다진 마늘 1작은술
- ☐ 레몬즙 1작은술
- ☐ 다진 이탈리안 파슬리 약간

1 대하는 머리와 몸통의 껍질을 제거한 뒤 꼬치로 등과 배의 내장을 찔러 빼낸다. 꼬리에 있는 물총을 제거한 뒤 흐르는 물에 씻어 물기를 없앤다.

   TIP 칵테일새우 또는 탈각새우를 사용하면 손질할 필요가 없어 편리해요.

2 손질한 새우에 멕시칸 시즈닝 솔트를 넣고 살살 버무린 뒤 냉장실에서 1시간 정도 재워둔다.

   TIP 냉장실 대신 상온에서 20분 정도 재워두어도 좋아요.

3 샐러드 믹스는 흐르는 물에 씻은 뒤 체에 밭쳐 물기를 뺀다.

4 아보카도는 반 잘라 씨를 제거한 뒤 숟가락으로 과육을 파낸다. 과육은 작게 깍둑썰기 한다.

5 방울토마토는 반 자르고 적양파는 아보카도와 비슷한 크기로 깍둑썰기 한다.

6 레몬은 반달 모양으로 슬라이스하고, 할라피뇨와 고수는 잘게 다진다.

   TIP 기호에 따라 고수는 생략해도 돼요.

7 중불로 달군 팬에 버터를 넣은 뒤 버터가 녹으면 새우와 레몬을 넣고 중간중간 뒤집어가며 노릇하게 익힌다. 다 익은 새우는 불에서 내려 식혀둔다.

8 드레싱 재료를 한데 넣고 고루 섞어 스리라차 마요 드레싱을 만든다.

9 볼에 샐러드 믹스와 아보카도, 토마토, 적양파, 고수, 할라피뇨를 섞어 담고 구운 새우를 올린다.

10 먹기 직전 스리라차 마요 드레싱을 뿌린다.

One Bowl Salad

Spicy Grilled Calamari Salad

매콤 오징어 샐러드

단백질과 타우린이 풍부한 오징어는 샐러드 토핑으로도 훌륭하답니다. 싱싱한 오징어에 핑크솔트, 후추로 간하고 기름만 살짝 둘러 오븐에 구워 보세요. 동그란 링 모양을 살려 잎채소 위에 올리고 피시소스 넣은 새콤달콤한 칠리 갈릭 드레싱을 뿌리면 모양도 맛도 근사한 한 끼 샐러드를 완성할 수 있어요.

INGREDIENTS 2인분

기본 재료

☐ 어린잎채소 400g
☐ 오이 1/2개
☐ 적양파 1/2개
☐ 레몬제스트 약간(생략 가능)

오징어 구이

☐ 오징어 1마리
☐ 핑크솔트 약간
☐ 후춧가루 약간
☐ 카놀라유 1큰술

칠리 갈릭 드레싱

☐ 칠리소스 3큰술
☐ 엑스트라버진 올리브오일 2큰술
☐ 피시소스 1큰술
☐ 라임즙 1큰술
☐ 다진 마늘 1큰술
☐ 핑크솔트 1작은술

DIRECTIONS

1 오징어는 내장을 빼서 흐르는 물에 씻고 오븐팬에 올린 뒤 카놀라유와 핑크솔트, 후춧가루를 뿌려 밑간한다.
   TIP 오븐을 200도로 예열해 두세요.

2 200도로 예열한 오븐에 밑간한 오징어를 넣고 약 5분간 노릇하게 굽는다.

3 오븐에 구운 오징어는 한 김 식힌 뒤 링 모양을 살려 동그랗게 자른다.

4 뚜껑이 있는 병에 드레싱 재료를 넣은 뒤 뚜껑을 덮고 세게 흔들어 섞는다.

5 어린잎채소는 흐르는 물에 씻은 뒤 체에 밭쳐 물기를 뺀다.

6 오이와 적양파는 가늘게 채 썬다.

7 볼에 채소를 섞어 담고 구운 오징어를 올린 뒤 레몬제스트를 뿌린다.

8 먹기 직전 칠리 갈릭 드레싱을 뿌린다.

Mediterranean Rainbow Salad

지중해식 레인보우 샐러드

잎채소가 당기지 않을 때는 씹는 맛이 좋은 곡물 샐러드는 어떠세요? 단백질은 물론 각종 미네랄이 풍부해 슈퍼푸드로 꼽히는 퀴노아와 오색 빛깔 채소, 과일을 듬뿍 넣은 지중해식 건강 샐러드 레시피를 소개합니다.

INGREDIENTS

2인분

기본 재료

☐ 퀴노아 2컵
☐ 씨 없는 포도 20알
☐ 오이 1개
☐ 노랑 파프리카 1개
☐ 빨강 파프리카 1개
☐ 아보카도 1개
☐ 블루베리 1줌
☐ 페타치즈 1/4컵

레몬 허니 드레싱

☐ 엑스트라버진 올리브오일 4큰술
☐ 레몬즙 3큰술
☐ 꿀 2큰술
　　(또는 올리고당)
☐ 다진 이탈리안 파슬리 약간
☐ 핑크솔트 약간
☐ 후춧가루 약간

1 퀴노아는 깨끗이 씻은 뒤 물 1½컵과 함께 냄비에 넣고 뚜껑을
   덮어 중불에서 10분 정도 삶는다. 퀴노아가 적당히 불으면 불에서
   내린 뒤 실온에서 완전히 식힌다.
   TIP 샐러드용 퀴노아는 완전히 익히지 않아 적당히 꼬들거리는 상태가 맛있어요.

2 블루베리는 흐르는 물에 씻어 물기를 제거하고 포도는 반 자른다.

3 오이는 동그랗게 슬라이스하고 파프리카는 흰 심지를 제거한 뒤
   사방 2cm 크기로 깍둑썰기 한다.

4 아보카도는 반 잘라 씨를 제거한 뒤 숟가락으로 과육을 파낸다.
   과육은 사방 1cm 크기로 깍둑썰기 한다.

5 페타치즈도 사방 1cm 크기로 깍둑썰기 한다.

6 드레싱 재료를 한데 넣고 고루 섞어 레몬 허니 드레싱을 만든다.

7 볼에 퀴노아와 채소, 과일, 페타치즈, 레몬 허니 드레싱을 넣고
   고루 섞는다.
   TIP 블랙올리브를 올려도 맛있어요.

One Bowl Salad

Garden Salad

가든 샐러드

이 샐러드의 원래 명칭은 텃밭 샐러드. 텃밭 혹은 베란다에서 쉽게 키울 수 있는 흔한 채소들로 만드는 그린 샐러드예요. 쌉쌀한 치커리와 적근대, 상추…. 집에 한 병쯤 있는 유자청을 이용해 상큼한 드레싱을 만들어 곁들이면 간단하면서도 푸짐하고 맛도 좋은 샐러드가 완성됩니다.

INGREDIENTS

기본 재료

□ 로메인 15장
　(또는 상추)
□ 치커리 10장
□ 적근대 4장
□ 토마토 3개
□ 방울토마토 5개
□ 오이 1개
□ 적양파 1/2개

유자 드레싱

□ 유자청 1/2컵
　(또는 귤청)
□ 엑스트라버진 올리브오일 1/2컵
□ 사이다 1/2컵
□ 사과식초 1/4컵

DIRECTIONS

1 잎채소는 흐르는 물에 씻은 뒤 체에 밭쳐 물기를 빼고 먹기 좋은 크기로 자른다.

2 토마토는 반달 모양으로 6등분하고, 방울토마토는 반 자른다.

3 오이는 동그랗게 슬라이스하고, 적양파는 채 썬 뒤 찬물에 담가 매운맛을 뺀다.

4 믹서에 유자 드레싱 재료를 넣고 곱게 간다.
　TIP 믹서나 블렌더가 없다면 유자청을 잘게 다진 다음 밀폐용기에 넣고 세게 흔들어 준비하세요.

5 볼에 잎채소를 섞어 담고 사이사이 토마토와 방울토마토, 적양파, 오이를 올린다.
　TIP 구운 견과류나 말린 베리류를 뿌려도 좋아요.

6 먹기 직전 유자 드레싱을 뿌린다.

Bulgogi Salad

불고기 샐러드

늘 밥반찬으로 내었던 불고기, 이제는 풍성한 채소와 곁들여 든든한 한 끼 샐러드로 즐겨보세요. 물기 없이 바싹 구운 불고기를 신선한 채소 위에 올리고 상큼한 채소 피클과 홀그레인 드레싱까지 곁들이면 느끼함 없이 마지막 채소 하나까지 개운하게 먹을 수 있답니다.

2인분

기본 재료

- ☐ 어린잎채소 200g
- ☐ 방울토마토 10개
- ☐ 통조림 병아리콩 100g
- ☐ 상추 10장
- ☐ 모둠 채소 피클(27쪽 참고) 50g

불고기

- ☐ 소고기 불고기감 400g
- ☐ 양파 1/4개
- ☐ 간장 2큰술
- ☐ 올리고당 2큰술
- ☐ 참기름 1큰술
- ☐ 다진 마늘 1/2큰술
- ☐ 핑크솔트·후춧가루 약간씩

홀그레인 오리엔탈 드레싱

- ☐ 엑스트라버진 올리브오일 3큰술
- ☐ 올리고당 2큰술
- ☐ 식초 1큰술
- ☐ 간장 1큰술
- ☐ 홀그레인 머스터드 1큰술
- ☐ 후춧가루 약간씩

1 통조림 병아리콩은 흐르는 물에 헹군 뒤 체에 밭쳐 물기를 없앤다.
   TIP 마른 병아리콩은 6시간 정도 불린 뒤 물을 넉넉히 부은 냄비에 넣고 15분 정도 삶아
   준비하세요.

2 믹서에 양파를 곱게 간 뒤 나머지 불고기 양념과 함께 섞어
   양념장을 만든다.

3 불고기용 소고기는 5cm 길이로 자른 뒤 ②의 불고기 양념에
   10분간 이상 재운다.

4 센 불에 달군 팬에 양념에 재운 불고기를 넣고 바싹 굽는다. 다
   구워졌으면 불에서 내려 한 김 식힌다.
   TIP 불고기가 바싹 구워지지 않고 국물이 자작하게 생긴다면 180도의 에어프라이어나
   오븐에 넣고 10분 정도 더 구워도 좋아요.

5 어린잎채소와 상추는 흐르는 물에 씻은 뒤 체에 밭쳐 물기를 빼고,
   먹기 좋은 크기로 자른다.

6 방울토마토는 꼭지를 떼고 반 자른다.

7 드레싱 재료를 한데 넣고 고루 섞어 홀그레인 오리엔탈 드레싱을
   만든다.

8 볼에 샐러드 채소를 담고 방울토마토, 병아리콩, 모둠채소 피클,
   불고기 순으로 푸짐하게 담는다.
   TIP 모둠채소 피클이 없다면 당근을 가늘게 채 썰어 넣어도 좋아요.

9 먹기 직전 홀그레인 오리엔탈 드레싱을 뿌린다.
   TIP 양파 플레이크(33쪽 참고)를 올려도 맛있어요.

One Bowl Salad

Vietnamese Chicken Curry Salad

베트남식 커리 치킨 샐러드

색다른 샐러드를 원한다면 베트남식 커리 치킨 샐러드가 그만이 죠. 아몬드우유와 커리로 만든 소스에 부드럽게 조린 닭가슴살에 서 익숙하면서도 이국적인 맛이 나거든요. 고수를 싫어하지 않는 다면 마지막에 고수나 민트잎을 더해 현지의 맛에 가깝게 만들어 보시길!

INGREDIENTS ⬭ 2인분

기본 재료

☐ 쌀국수 200g
☐ 양배추 1/4통
☐ 오이 1개
☐ 빨강 파프리카 1개
☐ 동남아식 무절임(30쪽 참고) 50g
☐ 구운 땅콩 1/4컵
☐ 라임 1개(생략 가능)
☐ 고수 10g(생략 가능)

커리 치킨

☐ 닭가슴살(100g) 4개
☐ 아몬드우유 1½컵
☐ 카레가루 3큰술
☐ 다진 마늘 3큰술
☐ 흑설탕 2큰술
☐ 다진 양파 1/2큰술
☐ 카놀라유 2큰술

피시소스 드레싱

☐ 피시소스 1/4컵
☐ 식초 1/4컵
☐ 라임즙 4큰술
☐ 설탕 2큰술
☐ 다진 마늘 2큰술
☐ 고추씨 약간
  (또는 다진 청양고추)

1 닭가슴살은 먹기 좋은 크기로 자른 뒤 카레가루 1큰술로 버무려 밑간한다.

2 아몬드우유와 남은 카레가루, 흑설탕을 한데 넣고 설탕이 녹을 때까지 고루 섞어 커리소스를 만든다.

3 중불로 달군 팬에 카놀라유 1큰술을 두른 뒤 다진 마늘을 넣고 타지 않게 잘 저어가며 볶는다.

4 마늘 향이 올라오면 양파를 넣어 볶는다. 양파가 투명해지면 그릇에 옮겨 둔다.

5 양파를 볶은 팬에 남은 카놀라유를 두른 뒤 닭가슴살을 넣고 5~7분 정도 볶는다.

6 ⑤에 ②의 커리소스와 ④의 볶은 양파를 넣고 잘 저어가며 끓인다. 소스가 끓어오르면 약불로 줄인 뒤 뚜껑을 덮지 말고 소스가 반으로 줄어들 때까지 졸인다.

7 쌀국수는 끓는 물을 부어 5분 정도 불린 뒤 면발이 부드러워지면 체에 발쳐 물기를 뺀다.

8 피시소스 드레싱 재료를 한데 넣고 설탕이 녹을 때까지 섞는다.

9 오이는 물컹거리는 씨 부분을 제거한 뒤 얇게 어슷썰기 하고, 양배추는 가늘게 채 썬다. 파프리카는 길게 채 썬다.

10 라임은 웨지 모양으로 4등분한다.
   TIP 라임은 생략하거나 같은 양의 레몬으로 대체할 수 있어요.

11 볼에 불린 쌀국수와 채 썬 양배추, 동남아식 무절임을 넣고 구운 땅콩을 뿌린 뒤 커리 치킨과 라임, 고수를 올린다.
   TIP 동남아식 무절임이 없다면 당근과 파프리카를 가늘게 채 썰어 넣으세요.

12 먹기 직전 피시소스 드레싱을 뿌린다.

오이는 씨 부분을 제거해요

샐러드에 오이를 넣을 때 씨 부분까지 사용하면 식감도 물컹거리고, 드레싱이나 소스를 뿌렸을 때 물기도 많이 생겨요. 아삭아삭한 샐러드를 만들고 싶다면 오이의 씨 부분을 도려내고 사용하는 것이 좋답니다.

One Bowl Salad

Salmon Cobb Salad

연어 콥 샐러드

구운 연어를 크럼블처럼 올린 콥 샐러드예요. 잘게 부순 연어와 아보카도, 옥수수 등이 한 입에 씹히며 각기 다른 식감과 맛으로 입을 즐겁게 해준답니다. 여기에 매콤한 레드렐리시 드레싱으로 자칫 느끼할 수 있는 연어의 맛을 깔끔하게 잡아 끝까지 물리지 않고 맛있게 먹을 수 있어요.

INGREDIENTS

2인분

기본 재료

☐ 연어 400g
☐ 어린잎채소 200g
☐ 토마토 2개
☐ 달걀 2개
☐ 초당옥수수 1개
   (또는 통조림 옥수수 50g)
☐ 아보카도 1개
☐ 로메인 10장
☐ 핑크솔트 약간
☐ 후춧가루 약간
☐ 카놀라유 약간

레드렐리시 드레싱

☐ 마요네즈 100g
☐ 스리라차소스 30g
   (또는 핫소스)
☐ 다진 스위트 렐리시 40g
☐ 올리고당 30g

1 연어는 핑크솔트, 후춧가루로 밑간을 한다.

2 중불로 달군 팬에 카놀라유를 두르고 연어를 올려 구운 뒤 어느 정도 익으면 주걱으로 잘게 부숴가며 노릇하게 굽는다.

3 냄비에 달걀과 물을 넣고 12분간 끓인다. 삶은 달걀은 찬물에 담가 한 김 식힌 뒤 껍데기를 벗겨 동그랗게 슬라이스한다.
   TIP 달걀은 7~8분간 반숙으로 삶은 뒤 2등분해 준비해도 좋아요.

4 로메인과 어린잎채소는 흐르는 물에 씻은 뒤 체에 밭쳐 물기를 뺀다.

6 토마토는 웨지 모양으로 4등분한다.

7 아보카도는 반 잘라 씨를 제거한 뒤 숟가락으로 과육을 파낸다. 과육은 작게 깍둑썰기 한다.

8 옥수수는 칼로 속대에서 알갱이만 잘라낸다.
   TIP 통조림 옥수수를 사용할 때는 체에 밭쳐 물기를 빼두세요.

9 드레싱 재료를 한데 넣고 고루 섞어 레드렐리시 드레싱을 만든다.

10 볼에 잎채소를 섞어 담고 그 위에 구운 연어, 삶은 달걀, 토마토, 옥수수, 아보카도를 올린다.

11 먹기 직전 레드렐리시 드레싱을 뿌린다.

Citrusy Super Grain Bowl

시트러시 슈퍼 그레인 볼

귀리, 병아리콩, 퀴노아 등 슈퍼푸드로 불리는 곡물과 블루베리, 체리, 자몽, 석류 등 항산화 물질이 풍부한 과일로 만든 영양 만점 곡물 샐러드예요. 단백질, 비타민, 미네랄, 식이섬유가 고루 풍부하기 때문에 더운 여름날이나 기력 보충이 필요한 날의 보양식으로도 추천해요.

INGREDIENTS 2인분

기본 재료
- ☐ 퀴노아 50g
- ☐ 귀리 50g
- ☐ 병아리콩 50g
- ☐ 렌틸콩 50g
- ☐ 자몽 1개
- ☐ 오렌지 1개
- ☐ 파인애플 20g
- ☐ 블루베리 20g
- ☐ 체리 10알
- ☐ 양파 오일(33쪽 참고) 2큰술
  (또는 엑스트라버진 올리브오일)
- ☐ 바질잎 약간
- ☐ 핑크솔트 약간

레몬 갈릭 드레싱
- ☐ 엑스트라버진 올리브오일 1/4컵
- ☐ 레몬즙 1/2컵
- ☐ 다진 마늘 1큰술
- ☐ 핑크솔트 약간
- ☐ 후춧가루 약간

DIRECTIONS

1 병아리콩과 귀리는 각각 큰 볼에 담아 물을 넉넉히 붓고 6시간 정도 불린다. 렌틸콩과 퀴노아는 1시간 정도 불린다.
   TIP 통조림 병아리콩을 사용할 때는 불리는 과정을 생략하세요.

2 불린 병아리콩과 귀리, 퀴노아, 렌틸콩은 냄비에 물을 충분히 부은 뒤 약간의 핑크솔트를 넣고 20분 정도 삶아 체에 밭쳐 물기를 없앤다.
   TIP 곡물을 따로 익히기 번거롭다면 압력솥을 이용해 밥을 지어요. 압력솥을 이용할 때는 곡물을 물에 불리는 과정을 생략할 수 있습니다.

3 물기가 빠진 곡물에 양파 오일로 버무려 풍미를 더한다.

4 드레싱 재료를 한데 넣고 고루 섞어 레몬 갈릭 드레싱을 만든다.

5 자몽과 오렌지는 껍질을 벗겨 과육만 한 입 크기로 자르고, 파인애플도 비슷한 크기로 자른다. 체리는 반 잘라 씨앗을 제거한다.

6 볼에 곡물, 과일, 레몬 갈릭 드레싱을 넣고 과일이 으깨지지 않도록 살살 섞어 준 뒤 바질잎을 올린다.
   TIP 기호에 따라 핑크솔트와 후춧가루를 더해도 좋아요.

One Bowl Salad

Peach with Ricotta Cheese Salad

복숭아 리코타치즈 샐러드

복숭아는 계절이 아니면 구하기 힘든 과일 중 하나죠. 복숭아가 달콤하게 무르익는 여름이 오면 꼭 만들어봐야 할 샐러드를 소개합니다. 복숭아의 달달한 과즙과 리코타치즈의 고소한 맛, 루꼴라의 쌉쌀한 맛이 정말 잘 어울려요. 잘 익은 복숭아를 찾을 수 없는 계절이라면 딸기, 자두 등 제철 과일로 만들어보는 것도 좋아요.

INGREDIENTS

2인분

기본 재료

- □ 천도복숭아 8개
- □ 루꼴라 200g
- □ 잣 20g
- □ 피스타치오 20g
- □ 애플민트잎 10g

화이트와인 비네거 드레싱

- □ 엑스트라버진 올리브오일 1/4컵
- □ 화이트와인 식초 3큰술
- □ 핑크솔트 약간
- □ 후춧가루 약간

홈메이드 리코타치즈

- □ 우유 1L
- □ 생크림 500mL
- □ 레몬즙 2½큰술
- □ 소금 1/2큰술

One Bowl Salad

1 냄비에 우유와 생크림을 붓고 중불에서 눌어붙지 않게 저어가며 끓인다.

2 우유가 끓기 시작하면 약불로 줄인 뒤 레몬즙과 소금을 넣고 몽글몽글한 덩어리가 생길 때까지 10분간 더 끓인다. 레몬즙을 넣고나서부터는 젓지 않는다.

3 깨끗한 면포에 몽글몽글해진 ②의 우유를 붓고 손으로 꼭 짠 뒤 체에 밭쳐 냉장실에 넣고 반나절 더 유청을 분리한다.

4 기름을 두르지 않은 팬에 잣과 피스타치오를 넣고 중불에서 자주 저어가며 황금빛 갈색이 될 때까지 3분 정도 볶는다. 볶은 잣과 피스타치오는 완전히 식힌다.

5 루꼴라는 흐르는 물에 씻은 뒤 체에 밭쳐 물기를 뺀다.

6 복숭아는 잘 익은 것으로 준비해 반 잘라 씨를 제거하고, 한 입 크기로 자른다.

7 드레싱 재료를 한데 넣고 고루 섞어 화이트와인 비네거 드레싱을 만든다.

8 볼에 루꼴라를 담고 드레싱을 부은 뒤 복숭아, 애플민트잎, 리코타 치즈 100g을 군데군데 올리고 구운 견과류를 뿌려 마무리한다.

One Bowl Salad

BBQ Pork Salad

바비큐 안심 샐러드

든든하고 푸짐한 샐러드에 돼지고기 토핑이 빠질 수 없죠. 샐러드 위에 갈릭 스테이크가루로 밑간해 구워 촉촉하면서도 이국적인 맛을 내는 안심 바비큐를 잔뜩 올려보세요. 참고로 고기를 푸짐하게 먹는 샐러드이기 때문에 피클이나 절임 채소 한 종류는 꼭 넣는 편이 좋아요. 그래야 끝까지 맛있게 먹을 수 있답니다.

INGREDIENTS 2인분

기본 재료

□ 샐러드 믹스 200g
□ 방울토마토 피클(29쪽 참고) 100g
□ 청상추 10장
□ 달걀 1개
□ 베이컨 30g

돼지고기 바비큐

□ 돼지고기 안심 500g
□ 갈릭 스테이크 시즈닝 2큰술

요거트 머스터드 드레싱

□ 플레인 요거트 80g
□ 홀그레인 머스터드 2큰술
□ 레몬즙 2큰술
□ 꿀 1큰술
□ 핑크솔트 약간

DIRECTIONS

1 돼지고기에 갈릭 스테이크 시즈닝을 골고루 묻혀 밑간한다.
   TIP 갈릭 스테이크가루가 없다면 핑크솔트, 후춧가루로 밑간해도 좋아요.

2 200도로 예열한 오븐에 넣고 30~35분간 노릇하게 구운 뒤 쿠킹포일로 덮어 10분 동안 레스팅한다.

3 센 불로 달군 팬에 베이컨을 올려 바싹 구운 뒤 한 김 식혀 작게 자른다.

4 냄비에 달걀과 물을 넣고 12분간 끓인다. 삶은 달걀은 찬물에 담가 한 김 식힌 뒤 껍데기를 벗겨 웨지 모양으로 4~6등분한다.

5 청상추와 샐러드 믹스는 흐르는 물에 씻은 뒤 체에 밭쳐 물기를 빼고 먹기 좋게 자른다.

6 드레싱 재료를 한데 넣고 고루 섞어 요거트 머스터드 드레싱을 만든다.

7 ②의 돼지고기 바비큐는 0.5cm 두께로 썬다.

8 볼에 청상추와 샐러드 믹스는 섞어 담고 그 위에 돼지고기 바비큐, 방울토마토 피클, 삶은 달걀, 베이컨을 올린다.
   TIP 방울토마토 피클이 없다면 방울토마토를 반 잘라 올리세요.

9 먹기 직전 요거트 머스터드 드레싱을 뿌린다.

One Bowl Salad

Mexican Style Corn Salad

멕시칸 콘 샐러드

멕시코식 옥수수 샐러드는 한국식 콘 샐러드와 다르게 할라피뇨, 훈제 파프리카가루, 커민가루가 들어가 살짝 매콤하면서도 스모키한 향이 특징이에요. 여기에 사워크림과 마요네즈로 만든 드레싱, 고수까지 더하면 이국적인 맛의 옥수수 샐러드를 즐길 수 있어요.

INGREDIENTS

2인분

기본 재료

☐ 옥수수 5개
  (또는 통조림 옥수수 425g)
☐ 아보카도 1/2개
☐ 적양파 1/2개
☐ 빨강 파프리카 1/2개
☐ 할라피뇨 1개
☐ 베이컨칩 30g
☐ 라임즙 4큰술
☐ 커민가루 1/2작은술
☐ 훈제 파프리카가루 1/2작은술
☐ 후춧가루 1/4작은술
☐ 핑크솔트 1/4작은술
☐ 고수 1~2줄기(생략 가능)
☐ 카놀라유 1큰술

페타치즈 크림 드레싱

☐ 페타치즈 1/2컵
☐ 사워크림 또는 플레인 요거트
  3큰술
☐ 마요네즈 3큰술
☐ 꿀 약간(생략 가능)
  (또는 올리고당)

1 옥수수는 껍질을 벗긴 뒤 알갱이 아래쪽으로 포크를 깊숙이 넣어
위로 뜯어내듯이 들어 올려 알갱이만 분리해둔다.
  TIP 통조림 옥수수를 사용할 경우 흐르는 물에 가볍게 씻은 뒤 체에 밭쳐 물기를
  빼두세요.

2 센 불로 달군 팬에 카놀라유를 두르고 옥수수를 넣은 뒤 3~5분간
노릇노릇하게 볶는다. 볶은 옥수수는 불에서 내려 한 김 식힌다.
  TIP 냉동 옥수수를 사용할 경우 노릇노릇한 색이 나올 때까지 몇 분 더 볶아주세요

3 파프리카는 흰 심지를 제거한 뒤 적양파, 할라피뇨와 함께
옥수수만 한 크기로 다진다.

4 아보카도는 반 잘라 씨를 제거한 뒤 숟가락으로 과육을 파낸다.
과육은 작게 깍둑썰기 한다.

5 페타치즈를 잘게 으깬 뒤 나머지 드레싱 재료와 섞어 페타치즈
크림 드레싱을 만든다.
  TIP 페타치즈 대신 코티하치즈(Cotija Cheese)를 사용하면 정통 멕시칸 스타일로 만들 수
  있어요.

6 볼에 고수와 드레싱을 제외한 모든 재료를 넣고 고루 섞는다.

7 샐러드 위에 드레싱을 뿌리고 고수를 큼지막하게 다져 올린다.
  TIP 기호에 따라 고수는 생략해도 좋아요.

Avocado and Grapefruit Salad

아보카도 자몽 샐러드

크리미한 아보카도와 상큼 쌉쌀한 자몽은 의외의 맛 궁합을 자랑
하는 조합이에요. 무엇보다 비타민C와 항산화 물질을 충분히 섭
취할 수 있어 면역력과 피부 건강에 도움이 된다는 점! 여름날이나
일교차가 큰 환절기, 맛과 건강 두 마리 토끼를 잡는 상큼한 한 끼
로 즐겨보면 어떨까요?

INGREDIENTS

2인분

기본 재료

☐ 자몽 2개
☐ 어린잎채소 500g
☐ 아보카도 1개
☐ 시금치 2줌
☐ 루꼴라 1줌

자몽 드레싱

☐ 자몽주스 1/4컵
☐ 엑스트라버진 올리브오일 1/4컵
☐ 화이트와인 식초 2큰술
☐ 다진 샬롯 1큰술
   (또는 다진 양파)
☐ 설탕 1큰술
☐ 디종 머스터드 1작은술
☐ 핑크솔트 1/2작은술
☐ 후춧가루 약간

1   시금치는 밑동을 잘라내고 루꼴라, 어린잎채소와 함께 흐르는
    물에 씻은 뒤 체에 밭쳐 물기를 뺀다.

2   아보카도는 반 잘라 씨를 제거한 뒤 숟가락으로 과육을 파낸다.
    과육은 0.5cm 두께로 슬라이스한다.

3   자몽은 껍질을 벗긴 뒤 먹기 좋은 크기로 자른다.
    TIP 흰 속껍질까지 제거하면 더 부드러운 자몽의 맛을 즐길 수 있어요.

4   뚜껑이 있는 병에 드레싱 재료를 넣은 뒤 뚜껑을 덮고 세게 흔들어
    섞는다.

5   볼에 아보카도, 자몽, 잎채소를 섞어 담는다.

6   먹기 직전 자몽 드레싱을 뿌린다.
    TIP 기호에 따라 파르메산 치즈가루를 뿌려도 맛있어요.

One Bowl Salad

Charcuterie Salad

샤퀴테리 샐러드

살라미 또는 프로슈토, 잠봉 등의 샤퀴테리를 듬뿍 올려 담백한 채소와 섞어 먹는 유럽식 햄 샐러드예요. 샤퀴테리의 짠맛을 채소들이 중화시켜주고, 중간중간 당근 라페나 올리브 같은 절임 채소들이 또 다른 맛과 식감을 더한답니다.

INGREDIENTS

(2인분)

기본 재료

- □ 잠봉 200g
- □ 방울토마토 10개
- □ 미니 모차렐라치즈 10알
- □ 루꼴라 3줌
- □ 빨강 파프리카(미니) 2개
- □ 오이 1/2개
- □ 당근 라페(25쪽 참고) 70g
- □ 살라미 30g
- □ 블랙올리브 슬라이스 20g

병아리콩 피클

- □ 병아리콩 1컵
- □ 엑스트라버진 올리브오일 4큰술
- □ 화이트와인 식초 4큰술
- □ 꿀 2큰술
- □ 핑크솔트 1작은술

발사믹 머스터드 드레싱

- □ 엑스트라버진 올리브오일 1/3컵
- □ 발사믹식초 2큰술
- □ 설탕 1큰술
- □ 디종 머스터드 1작은술
- □ 핑크솔트 1/4작은술
- □ 후춧가루 1/2작은술

1 병아리콩은 물을 넉넉히 부어 6시간 이상 불린 뒤 냄비에 불린 병아리콩과 물을 붓고 30분간 삶아 식힌다.

2 병아리콩 피클용 올리브오일, 화이트와인 식초, 꿀, 핑크솔트를 한데 넣고 고루 섞은 뒤 삶은 병아리콩을 넣어 버무린다. 냉장실에서 6시간 이상 숙성시킨다.

3 루꼴라는 흐르는 물에 씻은 뒤 체에 밭쳐 물기를 뺀다.

4 오이는 동그랗게 슬라이스하고, 방울토마토는 반 자른다.

5 파프리카는 흰 심지를 제거하고 길게 채 썬다.

6 뚜껑이 있는 병에 드레싱 재료를 넣은 뒤 뚜껑을 덮고 세게 흔들어 섞는다.

7 볼에 루꼴라를 담고 그 위에 살라미, 잠봉, 병아리콩 피클, 방울토마토, 파프리카, 당근 라페, 오이, 미니 모차렐라치즈, 블랙올리브를 올린다.

8 먹기 직전 발사믹 머스터드 드레싱을 뿌린다.

One Bowl Salad

Chicken with Basil Pesto Salad

바질페스토 치킨 샐러드

소금과 후춧가루만으로 밑간한 닭다리살 구이는 담백하기는 하지만, 조금 밋밋할 수 있잖아요? 이 샐러드에서는 향긋한 바질페스토 드레싱을 듬뿍 끼얹어 맛과 향을 더합니다. 바질과 토마토는 맛의 궁합이 정말 좋으니 바질페스토 드레싱과 토마토를 듬뿍 넣어 즐겨보세요.

INGREDIENTS

(2인분)

기본 재료

□ 닭가슴살(100g) 2개
□ 로메인 10장
　(또는 상추)
□ 방울토마토 5개
□ 적양파 1/2개
□ 아보카도 1개
□ 레몬 1개(생략 가능)
□ 다진 마늘 2작은술
□ 핑크솔트 1작은술
□ 후춧가루 약간
□ 마늘 오일(32쪽 참고) 2큰술
　(또는 식용유)

바질페스토 드레싱

□ 엑스트라버진 올리브오일 1/4컵
□ 바질페스토 4큰술
□ 레몬즙 4큰술
□ 핑크솔트 약간

1 닭가슴살은 다진 마늘, 핑크솔트, 후춧가루로 밑간을 한 뒤
   냉장고에서 30분~1시간 정도 재워둔다.
   TIP 닭가슴살 대신 닭다리살로 만들면 육즙 가득한 바질페스토 치킨 샐러드가 돼요.

2 드레싱 재료를 한데 넣고 고루 섞은 뒤 냉장실에서 30분간
   숙성시킨다.
   TIP 레몬즙 양은 기호에 따라 조절하세요. 단맛을 원하면 설탕을 추가해도 좋아요

3 중불로 달군 팬에 마늘 오일을 두르고 밑간한 닭가슴살을
   노릇하게 구워 식힌 다음 먹기 좋은 크기로 자른다.

4 로메인은 흐르는 물에 씻은 뒤 체에 밭쳐 물기를 뺀 뒤 먹기 좋은
   크기로 뜯는다.

5 아보카도는 반 잘라 씨를 제거한 뒤 숟가락으로 과육을 파낸다.
   과육은 0.5cm 두께로 썬다.

6 적양파는 가늘게 채 썰고, 방울토마토는 반으로 자른다. 레몬은
   웨지 모양으로 썰어 준비한다.

7 볼에 채소를 섞어 담은 뒤 구운 닭가슴살을 올리고 레몬을
   곁들인다.

8 먹기 직전에 바질페스토 드레싱을 뿌린다.

One Bowl Salad

Crispy Bacon and Tofu Salad

두부 베이컨 샐러드

집밥에서 빼놓을 수 없는 재료, 두부. 한식에나 어울리는 재료라 생각하지만 오븐이나 팬에 노릇노릇 구워 샐러드에 올리면 꽤 괜찮은 토핑이 된답니다. 두부를 색다르게 즐기고 싶은 날 샐러드 한 끼로 추천해요!

INGREDIENTS

기본 재료

☐ 두부 1모(300g)
☐ 베이컨 300g
☐ 달걀 2개
☐ 방울토마토 피클(29쪽 참고) 1컵
☐ 로메인 2줌
☐ 슈레드치즈 40g
☐ 카놀라유 2큰술

레드와인 어니언 드레싱

☐ 엑스트라버진 올리브오일 1/4컵
☐ 레드와인 식초 1/4컵
☐ 다진 양파 2큰술
☐ 홀그레인 머스터드 1큰술
☐ 핑크솔트 1/4작은술
☐ 후춧가루 1/4작은술

DIRECTIONS

1 두부는 모양대로 길게 7×2cm 크기로 자른다.

2 중불로 달군 팬에 카놀라유를 두르고 두부를 올려 노릇하게 굽는다.
   TIP 두부는 180도 오븐이나 에어프라이어에서 10~15분간 노릇하게 구워도 좋아요.

3 센 불로 달군 팬에 베이컨을 올려 바싹 구운 뒤 한 김 식혀 잘게 자른다.

4 냄비에 달걀과 물을 넣고 12분간 끓인다. 삶은 달걀은 찬물에 담가 한 김 식힌 뒤 껍데기를 벗겨 웨지 모양으로 6등분한다.

5 로메인은 흐르는 물에 씻은 뒤 체에 밭쳐 물기를 뺀 다음 먹기 좋은 크기로 자른다.

6 드레싱 재료를 한데 넣고 고루 섞어 레드와인 어니언 드레싱을 만든다.

7 볼에 자른 로메인과 드레싱 2/3를 넣어 버무린다.

8 로메인 위에 구운 두부, 달걀, 방울토마토 피클, 베이컨을 올린 뒤 남은 드레싱과 슈레드치즈를 뿌린다.
   TIP 방울토마토 피클이 없다면 방울토마토를 반 잘라 올리세요.

Mixed Berry Salad

베리베리 샐러드

새콤달콤한 베리류 과일을 듬뿍 넣은 과일 샐러드예요. 새콤달콤한 과일 맛 사이사이를 다진 바질의 향긋함으로 꽉 채워 상큼하고 싱그러운 맛이 난답니다. 시리얼과 우유를 준비해두었다가 샐러드가 조금 남았을 때 시리얼 토핑으로 얹어 먹으면 맛도 좋고 영양소도 풍부한 한 끼 식사가 돼요.

2인분

기본 재료

- □ 딸기 600g
- □ 블루베리 400g
- □ 라즈베리 200g
- □ 오디 150g
  (또는 블랙베리)
- □ 바질잎 10g

레몬 바질 드레싱

- □ 엑스트라버진 올리브오일 6큰술
- □ 레몬즙 4큰술
- □ 바질잎 10g
- □ 설탕 1작은술
- □ 핑크솔트 1/2작은술

1 과일은 깨끗이 씻은 뒤 체에 밭쳐 물기를 빼둔다.

2 딸기는 꼭지를 떼고 반 자른다.

3 드레싱용 바질은 큼지막하게 다진다.

4 드레싱 재료를 한데 넣고 잘 섞어 레몬 바질 드레싱을 만든다.

5 볼에 손질한 딸기와 과일을 담고, 군데군데 샐러드용 바질잎을 올린다.

6 먹기 직전 레몬 바질 드레싱을 뿌린다.

제철 과일을 활용해요

레몬바질 드레싱은 어느 과일에나 다 잘 어울리기 때문에 샐러드 재료를 다른 제철 과일로 대체할 수 있어요. 포도를 반 잘라 넣거나 수박을 한 입 크기로 잘라 넣어도 좋아요. 특히 아이가 있다면 수박을 귀여운 모양틀에 찍어 준비해보세요.

One Bowl Salad

Crunchy Taco Salad

크런치 타코 샐러드

멕시칸 향을 제대로 느낄 수 있는 타코 샐러드예요. 새콤한 토마토와 라임, 이국적인 타코 시즈닝이 입맛을 돋운답니다. 부리또 볼처럼 모든 재료를 작게 썰어 만들고 숟가락으로 퍼먹어도 맛있어요.

2인분

기본 재료

☐ 샐러드 믹스 200g
　　(또는 양상추, 치커리, 라디치오)
☐ 씨 없는 포도 15알
☐ 라임 1/2개
☐ 나초칩 50g

비프 필링

☐ 다진 소고기 500g
☐ 살사소스 1컵
☐ 칠리파우더 2작은술
　　(또는 고춧가루)
☐ 커민가루 1작은술
☐ 핑크솔트·후춧가루 약간씩
☐ 카놀라유 1큰술

사워크림 어니언 드레싱

☐ 적양파 1/4개
☐ 사워크림 4큰술
☐ 마요네즈 2큰술
☐ 올리고당 2큰술
☐ 다진 마늘 1큰술

1 중불로 달군 팬에 카놀라유를 두르고 다진 소고기를 넣어 갈색이 될 때까지 5분 정도 볶는다.

2 구운 소고기에 살사소스, 칠리파우더, 커민가루를 넣고 고루 섞은 뒤 핑크솔트와 후춧가루로 간을 하고 1분 정도 더 볶는다.

3 믹서에 드레싱 재료를 넣고 곱게 갈아 사워크림 어니언 드레싱을 만든다.
   TIP 적양파를 아주 잘게 다져 나머지 드레싱 재료를 한데 넣고 고루 섞어도 돼요.

4 샐러드 믹스와 포도는 흐르는 물에 씻은 뒤 체에 밭쳐 물기를 뺀다.

5 라임은 껍질째 깨끗이 씻어 반달 모양으로 썬다.

6 볼에 샐러드 믹스와 포도, 라임을 섞어 담고 비프 필링과 나초칩을 올린다.

7 먹기 직전 사워크림 어니언 드레싱을 뿌린다.
   TIP 멕시칸 슈레드치즈와 과카몰리(하단 참조)를 넣어 먹어도 맛있어요.

과카몰리

INGREDIENTS

□ 아보카도 3개
□ 라임 2개
□ 토마토 1개
□ 양파 1/4개
□ 청양고추 1개
□ 마늘 2톨
□ 고수 한 줌
□ 소금 약간

DIRECTIONS

1 아보카도는 반 잘라 씨를 제거한 뒤 숟가락으로 과육을 파낸다. 과육은 포크나 매셔로 곱게 으깨 준비한다.

2 토마토는 물컹거리는 씨 부분을 제거한 뒤 사방 1cm 크기로 깍둑썰기 한다.

3 양파와 마늘, 청양고추, 고수는 잘게 다진다.

4 라임을 제외한 재료를 한데 넣고 고루 섞는다.

5 ④에 라임 즙을 짜 넣고 소금으로 간한다.

One Bowl Salad

Roasted Mushroom Salad

구운 버섯 샐러드

버섯을 가볍게 손질해 올리브오일을 두르고 소금, 후춧가루를 뿌려 굽기만 하면 되는 초간단 샐러드예요. 버섯을 노릇노릇하게 구우면 식감이 쫄깃쫄깃해지고 향은 더 진해진답니다. 마지막에 뿌리는 파르메산 치즈를 생략하면 비건식으로도 즐길 수 있어요.

INGREDIENTS 2인분

기본 재료

☐ 새송이버섯 4개
☐ 양송이버섯 10개
☐ 느타리버섯 한줌
☐ 만가닥버섯 한줌
☐ 다진 마늘 2큰술
☐ 다진 이탈리안 파슬리 3큰술
☐ 올리브오일 1큰술
☐ 레드와인 식초 1큰술
☐ 핑크솔트 약간
☐ 후춧가루 약간
☐ 파르메산 치즈가루 약간

발사믹 드레싱

☐ 엑스트라버진 올리브오일 3큰술
☐ 발사믹식초 2큰술
☐ 올리고당 1큰술
☐ 핑크솔트 약간
☐ 후춧가루 약간

DIRECTIONS

1 버섯은 키친타월에 물을 묻혀 먼지를 닦아내거나 흐르는 물에 가볍게 헹군 뒤 체에 밭쳐 완전히 물기를 제거한다.
   TIP 버섯 손질을 시작하면서 오븐을 200도로 예열해두면 시간을 절약할 수 있어요.

2 새송이버섯과 양송이버섯은 1cm 두께로 슬라이스하고, 느타리버섯과 만가닥버섯은 밑동을 자른 뒤 먹기 좋은 크기로 찢는다.

3 종이포일을 깐 오븐팬에 손질한 버섯을 올리고 다진 마늘, 올리브오일, 핑크솔트, 후춧가루를 뿌려 밑간한다.

4 200도로 예열한 오븐에 넣고 40분간 노릇하게 구운 뒤 버섯을 한 김 식힌 다음 레드와인 식초를 뿌려 가볍게 섞는다.

5 드레싱 재료를 한데 넣고 고루 섞어 발사믹 드레싱을 만든다.

6 볼에 식힌 버섯과 다진 이탈리안 파슬리를 넣고 고루 섞은 뒤 파르메산 치즈가루를 뿌린다.

Red Cabbage and Apple Salad with Sausage

사과 적채 샐러드

아삭아삭 상큼한 사과 적채 샐러드예요. 다른 샐러드만큼 화려한 비주얼은 아니지만 한번 먹어보면 아삭아삭 달콤 상큼한 맛이 입맛을 확 당겨요. 좋아하는 소시지나 햄, 구운 고기를 곁들여 입맛 없는 날 한 끼 샐러드로 즐겨보세요.

INGREDIENTS

기본 재료

☐ 소시지 6개
☐ 적양배추 1/2통(300g)
    (또는 양배추)
☐ 아오리사과 1개
    (또는 제철 사과)
☐ 견과류 믹스 30g
☐ 건크랜베리 20g
☐ 카놀라유 1큰술

레몬 마요 드레싱

☐ 마요네즈 1/3컵
☐ 레몬즙 3큰술
☐ 꿀 1큰술
☐ 다진 피클 1큰술
☐ 핑크솔트 약간

DIRECTIONS

1   양배추와 사과는 껍질째 깨끗이 씻은 뒤 채칼이나 칼로 채 썬다.
    TIP 채 썬 사과는 설탕물 또는 식초물에 담가두면 갈변을 방지할 수 있어요.

2   채 썬 양배추는 찬물에 20분 담가두었다가 채반에 밭쳐 물기를 없앤다.

3   소시지는 뜨거운 물에 살짝 데친 뒤 중불로 달군 팬에 카놀라유를 두르고 노릇노릇하게 굽는다.

4   드레싱 재료를 한데 넣고 고루 섞어 레몬 마요 드레싱을 만든다.
    TIP 허니머스터드 드레싱은 냉장실에서 1주일 정도 두고 먹을 수 있어요.

5   볼에 채 썬 양배추와 사과를 섞어 담고 견과류와 크랜베리를 뿌린다.

6   구운 소시지를 올리고 레몬 마요 드레싱을 곁들인다.

One Plate Salad

Part 3

원 플레이트 샐러드

샐러드, 이제 완벽한 영양 밸런스로 즐겨요.

One Plate Salads

샐러드 가게에 가면 채소나 고기 요리뿐만 아니라 빵이나 곡물 같은 탄수화물 재료까지 고루 담아 한 접시에 나오는 샐러드를 봤을 거예요. 무조건 피하는 것이 좋다는 고정관념과 달리 적정량의 탄수화물은 우리 몸에 꼭 필요하거든요. 이 파트에서는 영양소 밸런스까지 생각한 영양만점 샐러드를 소개합니다. 마치 샐러드 가게에서 파는 메뉴처럼요! 맛있게 먹다 보면 다이어트나 건강을 위한 식이요법에도 도움이 될 거예요.

Beef Steak Salad

비프 스테이크 샐러드

잘 구운 소고기 스테이크, 그냥 먹어도 맛있지만 먹다 보면 느끼하고 부대끼기 일쑤죠. 그럴 때는 다양한 채소와 함께 샐러드 플레이트를 꾸려보세요. 이 레시피에서는 옥수수를 넣었지만, 옥수수 대신 캄파뉴 1~2조각이나 삶은 곡물 1컵을 곁들여도 좋답니다.

INGREDIENTS
1인분

기본 재료

□ 샐러드 믹스 200g
□ 토마토 1개
□ 적양파 1/2개
□ 통조림 옥수수 50g
□ 사워크라우트(28쪽 참고) 30g

비프 스테이크

□ 스테이크용 소고기 200g
□ 다진 마늘 1큰술
□ 버터 10g
□ 핑크솔트·후춧가루 약간씩

발사믹 머스터드 드레싱

□ 엑스트라버진 올리브오일 3큰술
□ 발사믹식초 1큰술
□ 레몬즙 1작은술
□ 올리고당 1작은술
□ 디종 머스터드 1작은술
□ 오레가노가루 1/2작은술
□ 핑크솔트·후춧가루 약간씩

DIRECTIONS

1 소고기는 핑크솔트와 후춧가루를 뿌려 30분 정도 밑간한다.

2 샐러드 믹스는 흐르는 물에 씻은 뒤 체에 밭쳐 물기를 뺀다.

3 통조림 옥수수는 체에 밭쳐 흐르는 물에 헹군 뒤 물기를 뺀다.

4 적양파는 채 썰고, 토마토는 한 입 크기로 자른다.

5 중불로 달군 팬에 버터와 다진 마늘을 넣고 마늘 향을 낸 뒤 소고기를 올려 굽는다.

6 뚜껑이 있는 유리병에 드레싱 재료를 넣은 뒤 뚜껑을 덮고 세게 흔들어 섞는다.

7 볼에 샐러드 믹스, 사워크라우트, 토마토, 적양파, 옥수수를 가지런히 담는다.

8 스테이크를 먹기 좋게 썰어 올린 뒤 드레싱과 곁들여낸다.

Cajun Chicken Salad

케이준 치킨 텐더 샐러드

닭가슴살 중에서도 좀 더 부드러운 부위인 닭안심을 짭조름하게 구워 올린 치킨 원 플레이트 샐러드예요. 닭안심(닭가슴살)은 지방이 매우 적고 단백질 함량이 높으면서 소화도 잘되는 팔방미인 식품이에요. 맛있게 구운 닭안심 구이로 배불리 먹어도 속이 편한 샐러드 한 끼를 준비해보세요.

INGREDIENTS (1인분)

기본 재료

- □ 샐러드 믹스 80g
- □ 방울토마토 5개
- □ 아보카도 1/2개
- □ 당근 라페(25쪽 참고) 20g
- □ 루꼴라 10g
- □ 바게트 슬라이스 2조각

케이준 치킨 텐더

- □ 닭안심(100g) 3개
- □ 케이준 시즈닝 1큰술
- □ 카놀라유 1큰술

루꼴라페스토 드레싱

- □ 엑스트라버진 올리브오일 1/2컵
- □ 루꼴라 50g
- □ 잣 40g
- □ 파르메산 치즈가루 40g
- □ 마늘 2톨
- □ 핑크솔트 약간

DIRECTIONS

1 닭안심은 케이준 시즈닝을 뿌려 30분 정도 밑간한다.

2 페스토용 루꼴라는 흐르는 물에 씻은 뒤 체에 밭쳐 물기를 뺀다.

3 중불로 달군 팬에 잣을 넣고 연한 갈색빛이 될 때까지 볶는다.

4 믹서에 루꼴라, 구운 잣, 마늘, 올리브오일, 파르메산 치즈가루를 넣고 곱게 갈아 루꼴라페스토 드레싱을 만든다. 마지막에 핑크솔트를 넣어 기호에 따라 간한다.

5 샐러드 믹스와 루꼴라는 흐르는 물에 씻은 뒤 체에 밭쳐 물기를 뺀다.

6 아보카도는 반 잘라 씨를 제거한 뒤 숟가락으로 과육을 파낸다. 과육은 0.5cm 두께로 슬라이스한다.

7 방울토마토는 꼭지를 떼고 반 자른다.

8 중불로 달군 팬에 카놀라유를 두른 뒤 닭안심을 올려 노릇하게 굽는다.

9 접시에 샐러드 믹스와 루꼴라, 케이준 치킨 텐더, 아보카도, 방울토마토, 당근 라페, 바게트를 가지런히 올린 뒤 먹기 직전 루꼴라페스토 드레싱을 뿌린다.

Omelette Salad

오믈렛 샐러드

달걀은 완전한 단백질 식품이라고는 하지만 삶은 달걀만 먹기에는 물릴 때가 있죠? 그럴 땐 큼지막한 오믈렛을 만들어 샐러드 플레이트를 만들어보세요. 따뜻하고 부드러운 오믈렛, 채소, 매콤하고 감칠맛 도는 살사 드레싱이 색다르고 든든한 한 끼를 만들어준답니다.

기본 재료

☐ 어린잎채소 100g
☐ 통조림 병아리콩 100g
☐ 만가닥버섯 50g
☐ 건크랜베리 10g
☐ 슈레드치즈 약간
☐ 핑크솔트·후춧가루 약간씩
☐ 카놀라유 약간

오믈렛

☐ 달걀 3개
☐ 슬라이스치즈 1장
☐ 우유 2큰술
☐ 핑크솔트·후춧가루 약간씩
☐ 버터 약간

살사 요거트 드레싱

☐ 살사소스 1/2컵
☐ 그릭 요거트 2큰술
☐ 핫소스 1큰술
☐ 핑크솔트 약간

DIRECTIONS

1 어린잎채소는 흐르는 물에 씻은 뒤 체에 밭쳐 물기를 뺀다. 통조림 병아리콩도 체에 밭쳐 물기를 뺀다.
   TIP 마른 병아리콩을 준비했을 때는 86쪽 조리 과정 ①을 참고하세요.

2 버섯은 가볍게 물에 헹군 뒤 키친타월로 물기를 없애고 센 불로 달군 팬에 카놀라유를 둘러 핑크솔트와 후춧가루로 간하며 노릇하게 볶는다.

3 달걀은 곱게 푼 뒤 고운체에 한 번 거르고 우유와 핑크솔트, 후춧가루를 넣어 달걀물을 만든다.

4 중불로 달군 팬에 버터를 두르고 달걀물을 부어 젓가락으로 휘휘 저어 익히다가 달걀이 반쯤 익으면 슬라이스치즈를 올린 뒤 반달 모양으로 접어 마저 익힌다.

5 드레싱 재료를 한데 넣고 고루 섞어 살사 요거트 드레싱을 만든다.

6 접시에 어린잎채소와 오믈렛, 병아리콩, 버섯볶음을 담고 건크랜베리와 슈레드치즈를 뿌린다.

7 먹기 직전 살사 요거트 드레싱을 뿌린다.

Grilled Pork Neck Salad

돼지 목살 샐러드

로즈메리 향이 은은하게 퍼지는 돼지 목살 구이에 구운 파인애플과 방울토마토를 곁들인 감칠맛 폭발 샐러드 플레이트예요. 쫄깃쫄깃 돼지고기에 새콤달콤한 과일들과 파인애플 요거트 드레싱이 정말 잘 어울려요.

INGREDIENTS (1인분)

기본 재료

□ 청상추 5장
□ 적양파 1/2개
□ 방울토마토 6개
□ 파인애플 슬라이스 1조각
□ 마늘 6톨
□ 로즈메리 1줄기
□ 바게트 슬라이스 2조각
□ 카놀라유 약간
□ 핑크솔트·후춧가루 약간씩

돼지 목살 구이

□ 돼지고기 목살 200g
□ 맛술 1큰술
□ 핑크솔트·후춧가루 약간씩

파인애플 요거트 드레싱

□ 파인애플 100g
□ 플레인 요거트 40g
□ 양파 1/8개
□ 설탕 3큰술
□ 레몬즙 1큰술(또는 식초)
□ 핑크솔트·후춧가루 약간씩

DIRECTIONS

1 돼지고기는 맛술과 핑크솔트, 후춧가루로 밑간해 30분간 재워둔다.

2 상추는 흐르는 물에 씻은 뒤 체에 밭쳐 물기를 없앤다.

3 적양파는 가늘게 채 썰고, 마늘은 밑동을 잘라낸다. 방울토마토는 꼭지를 떼 준비한다.

4 믹서에 드레싱 재료를 넣고 곱게 갈아 파인애플 요거트 드레싱을 만든다.

5 중불로 달군 팬에 카놀라유를 두르고 적양파, 마늘, 방울토마토, 로즈메리를 넣고 볶으며 핑크솔트와 후춧가루로 간한다. 마늘이 노릇하게 볶아지면 볶은 채소를 다른 접시에 덜어둔다.

6 ⑤의 팬을 센 불로 달군 뒤 밑간한 돼지고기를 올려 양쪽 겉면을 노릇하게 굽다가 중불로 줄여 파인애플을 함께 굽는다.

7 접시에 자른 청상추와 구운 돼지고기, 파인애플, 볶은 채소, 바게트를 올린다.

8 먹기 직전 파인애플 요거트 드레싱을 뿌린다.

Smoked Salmon Salad

훈제 연어 샐러드

스모키한 훈제 연어에 채소와 과카몰리, 상큼한 요거트 갈릭 마요 드레싱을 올린 프레시한 샐러드 플레이트예요. 훈제 연어의 강한 향을 신선한 채소와 곡물들이 잡아줘 부담 없이 먹을 수 있어요.

INGREDIENTS (1인분)

기본 재료

☐ 샐러드 믹스 200g
☐ 과카몰리(100쪽 참고) 200g
☐ 훈제 연어 120g
☐ 양파 1/3개
☐ 레몬 1/4개(생략 가능)
☐ 퀴노아 1/4컵
☐ 병아리콩 50g

요거트 갈릭 마요 드레싱

☐ 그릭 요거트 1컵
☐ 마요네즈 1큰술
☐ 레몬즙 1작은술
☐ 올리고당 1/2큰술
☐ 다진 마늘 1작은술
☐ 후춧가루 약간

DIRECTIONS

1 병아리콩은 볼에 담아 물을 넉넉히 붓고 6시간 이상 불린다.
   퀴노아는 1시간 정도 불린다.
   TIP 통조림 병아리콩을 사용할 때는 불리는 과정을 생략하세요.

2 퀴노아와 병아리콩은 깨끗이 씻은 뒤 냄비에 물을 넉넉히 붓고
   중불에서 10~15분 정도 삶는다.

3 양파는 가늘게 채 썬 뒤 찬물에 30분 정도 담가 매운맛을 뺀다.

4 샐러드 믹스는 깨끗이 씻어 체에 밭쳐 물기를 뺀다.

5 드레싱 재료를 한데 넣고 고루 섞어 요거트 갈릭 마요 드레싱을
   만든다.

6 접시에 샐러드 믹스와 채 썬 양파, 훈제 연어, 과카몰리, 병아리콩,
   퀴노아, 레몬을 담는다.

7 먹기 직전 요거트 갈릭 마요 드레싱을 뿌린다.
   TIP 페타치즈를 뿌려도 맛있어요.

Smoked Duck Salad

훈제 오리 샐러드

훈제 오리와 상큼한 오렌지 조합이 색다른 맛을 내는 샐러드 플레이트예요. 이 레시피는 크루통을 올렸는데 크루통 대신 푸실리 같은 숏파스타를 삶아 넣으면 콜드 파스타처럼 즐길 수 있답니다.

INGREDIENTS　　　(1인분)

기본 재료

□ 훈제 오리 100g
□ 샐러드 믹스 150g
□ 오렌지 1개
□ 빨강 파프리카 1/2개
□ 적양파 1/2개
□ 크루통 10g

오렌지 드레싱

□ 오렌지주스 3큰술
　　(또는 오렌지즙)
□ 엑스트라버진 올리브오일 2큰술
□ 식초 1큰술
□ 꿀 1큰술
□ 디종 머스터드 1큰술
□ 핑크솔트 1작은술
□ 후춧가루 약간

DIRECTIONS

1　샐러드 믹스는 흐르는 물에 씻은 뒤 체에 밭쳐 물기를 없앤다.

2　빨강 파프리카와 적양파는 채 썰고, 오렌지는 껍질을 벗긴 뒤 먹기 좋은 크기로 썬다.

3　드레싱 재료를 한데 넣고 고루 섞어 오렌지 드레싱을 만든다.

4　중불로 달군 팬에 훈제 오리를 2분 정도 구운 뒤 키친타월에 올려 기름기를 제거한다.

5　접시에 샐러드 믹스를 담고 훈제 오리와 파프리카, 적양파, 오렌지, 크루통을 올린다.

6　먹기 직전 오렌지 드레싱을 뿌린다.

Garlic Butter Shrimp Salad

갈릭버터 쉬림프 샐러드

갈릭버터 소스로 볶은 새우 위에 상큼한 레몬 요거트 드레싱을 뿌린 해산물 샐러드 플레이트예요. 새우와 채소 아래에 삶은 그레인을 깔아 샐러드이지만 담백한 덮밥처럼 즐길 수 있어요.

INGREDIENTS

1인분

기본 재료

- □ 칵테일새우 6마리
- □ 곡물베이스(180쪽 참고) 100g
- □ 아보카도 1/2개
- □ 브로콜리 30g
- □ 콜리플라워 30g
- □ 과일칩 4개(생략 가능)
- □ 핑크솔트·후춧가루 약간씩

갈릭버터 소스

- □ 무염버터 50g
- □ 다진 마늘 2큰술
- □ 설탕 1큰술
- □ 파슬리가루 약간
- □ 핑크솔트·후춧가루 약간씩

레몬 요거트 드레싱

- □ 플레인 요거트 40g
- □ 레몬즙 2큰술
- □ 엑스트라버진 올리브오일 2큰술
- □ 다진 마늘 1개
- □ 꿀 1작은술
- □ 핑크솔트·후춧가루 약간씩

DIRECTIONS

1 칵테일새우는 흐르는 물에 씻은 뒤 체에 밭쳐 물기를 뺀다.

2 아보카도는 반 잘라 씨를 제거한 뒤 숟가락으로 과육을 파낸다. 과육은 0.5cm 두께로 슬라이스한다.

3 브로콜리와 콜리플라워는 한 입 크기로 자른다.

4 갈릭버터 소스용 버터는 말랑해질 때까지 전자레인지에 15초 정도 돌린 뒤 나머지 소스 재료와 섞는다.

5 뚜껑이 있는 병에 드레싱 재료를 넣은 뒤 뚜껑을 덮고 세게 흔들어 섞는다.

6 중불로 달군 팬에 갈릭버터 소스를 넣고 살짝 볶다가 대하와 브로콜리, 콜리플라워를 넣고 볶는다. 볶는 중간 핑크솔트와 후춧가루를 넣어 간한다.

7 접시에 삶은 곡물을 담고 ⑥의 갈릭버터 새우볶음, 아보카도, 과일칩을 올린 뒤 먹기 직전 레몬 요거트 드레싱을 뿌린다.

One Plate Salad

Hummus Salad

후무스 샐러드

병아리콩을 갈아 만든 크리미한 후무스와 아삭아삭하게 씹히는 새콤달콤한 비트절임의 조합이 이색적인 샐러드 플레이트예요. 곁들이는 빵을 비건 빵으로 준비해 든든한 채식 한 끼로 준비해보세요.

INGREDIENTS   (1인분)

기본 재료

☐ 어린잎채소 100g
☐ 브로콜리 100g
☐ 방울토마토 5개
☐ 마늘 2톨
☐ 바게트 슬라이스 2조각
☐ 카놀라유 약간
☐ 소금 약간

후무스

☐ 통조림 병아리콩 130g
☐ 엑스트라버진 올리브오일 2큰술
☐ 핑크솔트·후춧가루 약간씩

발사믹 어니언 드레싱

☐ 엑스트라버진 올리브오일 2큰술
☐ 다진 양파 2큰술
☐ 발사믹식초 1½큰술
☐ 간장 1/2작은술
☐ 핑크솔트 1/4큰술
☐ 후춧가루 약간

DIRECTIONS

1   어린잎채소는 흐르는 물에 헹군 뒤 체에 밭쳐 물기를 뺀다.

2   브로콜리는 한 입 크기로 자른 뒤 끓는 물에 소금을 조금 넣고 20초 정도 데친 뒤 찬물에 헹궈 물기를 제거한다.

3   방울토마토는 꼭지를 뗀 뒤 반 자르고, 마늘은 편으로 자른다.

4   중불로 달군 팬에 카놀라유를 두르고 마늘과 브로콜리를 넣어 마늘이 노릇해질 때까지 볶는다.

5   믹서에 통조림 병아리콩, 올리브오일, 핑크솔트와 후춧가루를 넣고 곱게 갈아 후무스를 만든다.
      TIP 마른 병아리콩을 준비했을 때는 86쪽 조리 과정 ①을 참고해 준비하세요.

6   드레싱 재료를 한데 넣고 섞어 발사믹 어니언 드레싱을 만든다.

7   접시에 후무스와 어린잎채소, 볶은 브로콜리, 마늘, 방울토마토, 바게트를 올린다.

8   먹기 직전 발사믹 어니언 드레싱을 뿌린다.

Oriental Noodle Salad

오리엔탈 누들 샐러드

일본식 냉라면처럼 비벼 먹는 누들 플레이트예요. 참기름 향이 솔
솔 나는 오리엔탈 드레싱에 버무린 두부 면과 채소가 입맛을 돋워
여름에 먹으면 더 맛있는 샐러드랍니다. 이 레시피에서 새우를 빼
거나 다른 채소로 대체하면 비건식으로 즐길 수 있어요.

INGREDIENTS　(1인분)

기본 재료

☐ 칵테일새우(중) 6마리
☐ 두부 면 100g
☐ 샐러드 믹스 100g
☐ 방울토마토 6개
☐ 블랙올리브 3알
☐ 콜리플라워 1개
☐ 적양파·오이 10g씩
☐ 맛술 1큰술
☐ 소금·후춧가루 약간씩

단호박 튀김

☐ 단호박 1/8개
☐ 튀김가루·물 1/2컵씩
☐ 식용유 적당량
☐ 얼음 약간

오리엔탈 드레싱

☐ 간장 2큰술
☐ 엑스트라버진 올리브오일 2큰술
☐ 식초 1큰술
☐ 꿀 1큰술(또는 설탕)
☐ 다진 마늘 1작은술
☐ 참기름 1/2큰술

DIRECTIONS

1　샐러드 믹스와 두부 면은 흐르는 물에 헹군 뒤 체에 밭쳐 물기를
제거한다.

2　적양파와 오이는 얇게 채 썰고, 방울토마토는 꼭지를 뗀 뒤
1/4등분한다.

3　콜리플라워는 반 자른 뒤 끓는 물에 30초간 데친다.

4　③의 냄비에 맛술과 소금을 더한 뒤 새우를 넣어 30초간 데친다.

5　드레싱 재료를 한데 넣고 고루 섞어 오리엔탈 드레싱을 만든다.

6　단호박은 반 잘라 수저로 씨를 파낸 뒤 1.5cm 두께로 썬다.
TIP 단호박을 너무 두껍게 썰면 속이 잘 익지 않으니 주의하세요.

7　넓은 접시에 튀김가루를 담고 단호박 위에 튀김가루를 입힌다.
TIP 위생봉투에 튀김가루를 넣고 단호박을 넣어 흔들면 튀김옷이 쉽게 입혀져요.

8　남은 튀김가루에 물과 얼음을 섞은 뒤 단호박을 넣어 튀김옷을
입힌다.

9　작은 냄비에 식용유를 붓고 중불에서 달군 뒤 단호박을 넣어
노릇노릇하게 튀긴다.

10　접시에 샐러드 믹스를 깔고 새우, 채 썬 오이, 양파, 두부 면,
방울토마토, 블랙올리브, 단호박 튀김을 올린다.

11　먹기 직전 오리엔탈 드레싱을 뿌린다.

Roasted Root Vegetable Salad

구운 뿌리채소 샐러드

고구마, 감자, 마, 당근 등 땅속 영양이 그대로 담긴 뿌리채소를 노릇하게 구워 만드는 웜 샐러드예요. 구운 채소 샐러드에는 고소한 참깨 드레싱을 곁들이는데, 따뜻하고 고소한 맛으로 겨울철에 꼭 맛봐야 할 샐러드랍니다.

1인분

기본 재료

□ 연근 100g
□ 마 100g
□ 감자 100g
□ 고구마 100g
□ 미니 당근 5개
□ 방울양배추 5개
□ 달걀 2개
□ 다진 이탈리안 파슬리 5g
□ 올리브오일 1큰술
□ 꿀 1큰술
□ 핑크솔트·후춧가루 약간씩

참깨 마요 드레싱

□ 마요네즈 3큰술
□ 엑스트라버진 올리브오일 2큰술
□ 곱게 간 깨 2큰술
□ 식초 1/2큰술
□ 올리고당 1큰술
□ 핑크솔트·후춧가루 약간씩

1 감자와 연근, 마는 깨끗이 씻어 껍질을 벗긴 뒤 1cm 두께로 슬라이스한다.

2 연근은 식초물에 30분 이상 담가 떫은맛을 없앤다.

3 고구마와 미니 당근은 길게 슬라이스하고, 방울양배추는 반 자른다.

4 감자와 고구마는 30분 이상 찬물에 담가 전분기를 없앤다.

5 볼에 손질한 채소를 담고 올리브오일, 꿀, 핑크솔트, 후춧가루를 넣어 밑간한다.

6 오븐팬에 밑간한 채소를 올리고 180도에서 15~20분 정도 굽는다.

7 냄비에 달걀과 물을 넣고 7~8분간 끓인다. 삶은 달걀은 찬물에 담가 한 김 식힌 뒤 껍데기를 벗겨 길게 4등분한다.

8 드레싱 재료를 한데 넣고 고루 섞어 참깨 마요 드레싱을 만든다.

9 접시에 구운 뿌리채소를 담고 다진 이탈리안 파슬리를 뿌린 뒤 드레싱과 함께 곁들여낸다.

One Plate Salad

Bite-Sized Salad

한 입 샐러드

방울토마토와 치즈, 청포도의 달고 짭조름한 맛과 루꼴라페스토의
향긋함이 입을 즐겁게 하는 한 입 샐러드예요. 입맛 없을 때 색다
른 식사로도 좋고 손님상이나 파티의 핑거푸드로도 좋아요.

INGREDIENTS   1인분

기본 재료

☐ 어린잎채소 100g
☐ 미니 모차렐라치즈 7알
☐ 방울토마토 7개
☐ 청포도 7알
☐ 블랙올리브 7알
☐ 나무꽂이 7개
☐ 크루통 약간
☐ 바질잎 약간

루꼴라페스토 드레싱

☐ 루꼴라페스토(113쪽 참고) 30g
☐ 엑스트라버진 올리브오일 2큰술

DIRECTIONS

1 어린잎채소는 흐르는 물에 씻은 뒤 체에 밭쳐 물기를 뺀다.

2 방울토마토는 꼭지를 뗀 뒤 반 자른다.

3 나무꽂이에 토마토, 미니 모차렐라치즈, 청포도, 남은 토마토
   순으로 꽂는다.

4 접시에 어린잎채소와 블랙올리브, 크루통을 섞어 담은 뒤 ③의 한
   입 샐러드를 올린다.

5 루꼴라페스토와 올리브오일을 섞어 루꼴라페스토 드레싱을
   만든다.

6 먹기 직전 루꼴라페스토 드레싱을 뿌리고 바질잎을 올린다.

Salads with Juice or Soup

Part 4

주스나 수프와 곁들이는 샐러드

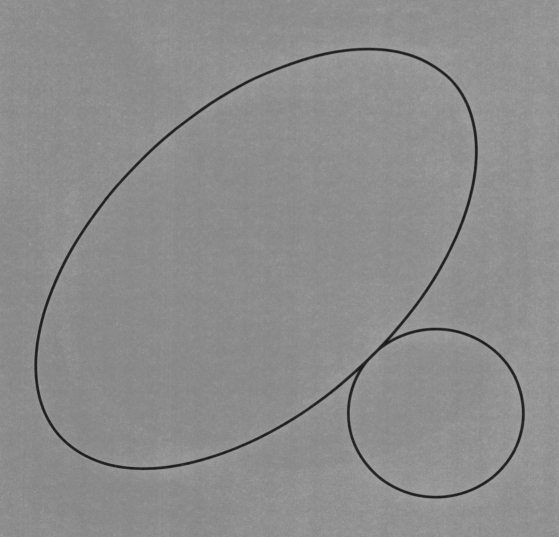

샐러드, 이제 다양한 조합으로 즐겨요.

Salads with Juice or Soup

가끔 많은 양을 먹기에는 조금 부담스러운 샐러드들이 있어요. 그럴 땐 수프나 주스를 곁들여 식사량과 영양소를 보완하면 완벽한 한 끼를 꾸릴 수 있답니다. 이 파트에서는 다른 메뉴와 페어링하면 더 맛있게 먹을 수 있는 샐러드를 소개할게요. 프랑스식 차가운 감자 수프나 감칠맛 폭발 옥수수 수프 등 곁들임 메뉴 레시피도 함께 다루고 있으니 다양한 조합으로 즐겨보세요!

BLAT Pasta Salad + Vichyssoise

BLAT 파스타 샐러드 + 비시수아즈

나비 모양 파르팔레 파스타와 아보카도, 짭짤한 베이컨을 넣은 파스타 샐러드예요. 곁들이는 메뉴로는 프랑스식 감자 수프, 비시수아즈를 준비했어요. 상큼한 파스타 샐러드와 부드럽고 고소한 수프 조합이 브런치 메뉴로 딱이에요.

INGREDIENTS

샐러드 재료

☐ 파르팔레 파스타 150g
☐ 어린잎채소 100g
☐ 방울토마토 5개
☐ 아보카도 1개
☐ 로메인 5장
☐ 베이컨 20g
☐ 파르메산 치즈가루 약간
☐ 소금 약간

레드와인 비네거 드레싱

☐ 엑스트라버진 올리브오일 2큰술
☐ 레드와인 식초 1작은술
☐ 홀그레인 머스터드 1작은술
☐ 설탕 1작은술

비시수아즈(2인분)

☐ 감자 2개(200g)
☐ 대파 100g
☐ 치킨스톡 400mL
☐ 생크림 100mL(생략 가능)
☐ 버터 30g
☐ 핑크솔트 약간
☐ 후춧가루 약간

DIRECTIONS

비시수아즈

1 감자는 껍질을 벗겨 얇게 슬라이스하고, 대파는 송송 썬다.

2 중불로 달군 냄비에 버터를 녹인 뒤 대파를 넣고 볶다가 숨이 죽으면 감자를 넣고 함께 볶는다.

3 볶은 감자와 대파에 치킨스톡을 넣어 중불에서 끓인다.

4 감자가 부드럽게 으스러지면 핸드믹서로 곱게 간 뒤 핑크솔트와 후춧가루로 간한다. 기호에 따라 생크림을 넣고 차갑게 식힌다.

BLAT 파스타 샐러드

1 끓는 물에 소금을 넣고 파르팔레 파스타를 10분간 삶은 뒤 찬물에 헹구고 체에 밭쳐 물기를 뺀다.

2 베이컨은 잘게 다진 뒤 센 불로 달군 팬에 올려 바삭바삭해질 때까지 굽는다.

3 어린잎채소와 로메인은 흐르는 물에 씻은 뒤 체에 밭쳐 물기를 없앤다. 방울토마토는 꼭지를 뗀 뒤 반 자른다.

4 아보카도는 반 잘라 씨를 제거한 뒤 숟가락으로 과육을 파낸다. 과육은 0.5cm 두께로 슬라이스한다.

5 드레싱 재료를 한데 넣고 고루 섞어 레드와인 비네거 드레싱을 만든다.

6 로메인을 먹기 좋은 크기로 뜯은 뒤 어린잎채소, 방울토마토, 아보카도, 파르팔레 파스타, 베이컨과 섞어 접시에 담는다.

7 샐러드 위에 파르메산 치즈가루를 뿌린 뒤 먹기 직전 드레싱을 뿌린다.

Salads with Juice or Soup

Roasted Cabbage Salad + Beet Juice

구운 양배추 샐러드 + 레드비트 주스

양배추, 이제까지 한 입 크기로 뜯어 샐러드에 넣었다면 이번엔 스테이크처럼 썰어 구워먹는 샐러드를 만들어보세요. 심심할 것 같지만 베이컨과 각종 곡물, 선드라이드 토마토를 더해 생각보다 풍성한 맛을 느낄 수 있답니다. 곁들이는 주스로는 건강한 레드비트 주스를 준비했어요.

INGREDIENTS　（1인분）

샐러드 재료

- □ 양배추 1/2통
- □ 베이컨 60g
- □ 곡물 베이스(180쪽 참고) 50g
- □ 선드라이드 토마토 6개
- □ 통조림 병아리콩 20g
- □ 카놀라유 약간
- □ 핑크솔트·후춧가루 약간씩

레드렐리시 드레싱

- □ 마요네즈 30g
- □ 스리라차소스 20g
- □ 다진 스위트 렐리시 1큰술
- □ 올리고당 1큰술

레드비트 주스(2인분)

- □ 비트 1/4개
- □ 사과 1/2개
- □ 당근 1/2개
- □ 레몬즙 3큰술
- □ 물 300mL

DIRECTIONS

레드비트 주스

1 비트와 당근, 사과는 껍질을 벗긴 뒤 한 입 크기로 썬다.

2 비트와 당근은 찜통에 넣어 5분간 찐다.

3 믹서에 찐 비트와 당근, 사과, 레몬즙, 물을 넣고 곱게 간 뒤 냉장실에 넣어 차갑게 한다.

구운 양배추 샐러드

1 양배추는 흐르는 물에 씻은 뒤 심지를 살려 반달 모양으로 자른다.
TIP 양배추를 자를 때 심지를 살려 잘라야 구운 뒤에도 모양이 흐트러지지 않아요.

2 통조림 병아리콩은 체에 밭쳐 물기를 뺀다.

3 베이컨은 잘게 다진 뒤 센 불로 달군 팬에 올려 바삭바삭해질 때까지 굽고 다 구워진 베이컨은 키친타월에 올려 기름을 제거한다.

4 중불로 달군 팬에 카놀라유를 두르고 양배추를 올려 앞뒤로 노릇하게 굽는다. 중간중간 핑크솔트와 후춧가루를 뿌려 간한다.

5 드레싱 재료를 한데 넣고 고루 섞어 레드렐리시 드레싱을 만든다.

6 접시에 구운 양배추를 담은 뒤 삶은 곡물과 병아리콩, 베이컨, 선드라이드 토마토를 올린다.

7 먹기 직전 레드렐리시 드레싱을 뿌린다.

Nicoise Salad + Corn Soup

니수아즈 샐러드 + 옥수수 수프

니수아즈 샐러드는 삶은 달걀, 올리브, 참치에 비네그레트 드레싱을 곁들인 프랑스 니스 지방의 대표 샐러드예요. 고소한 감자가 잔뜩 들어간 샐러드라 달큼한 옥수수 수프를 곁들이면 맛은 물론 속까지 든든한 한 끼가 됩니다.

INGREDIENTS   (1인분)

샐러드 재료

☐ 알감자 10개
☐ 달걀 1개
☐ 토마토 1개
☐ 적양파 1/2개
☐ 통조림 참치 50g
☐ 그린빈 5개
☐ 소금 약간

비네그레트 드레싱

☐ 엑스트라버진 올리브오일 2큰술
☐ 다진 샬롯 1큰술
   (또는 다진 양파)
☐ 레몬즙 1작은술
☐ 디종 머스터드 1작은술
☐ 홀그레인 머스터드 1작은술
☐ 꿀 1작은술
☐ 핑크솔트 1/2작은술
☐ 후춧가루 1/2작은술

옥수수 수프(2인분)

☐ 우유 400mL
☐ 통조림 옥수수 1컵
☐ 양파 1/4개
☐ 버터 1/2큰술
☐ 핑크솔트 약간
☐ 후춧가루 약간

DIRECTIONS

옥수수 수프

1 통조림 옥수수는 체에 밭쳐 흐르는 물에 헹군 뒤 물기를 제거하고 양파는 잘게 다진다.

2 중불로 달군 냄비에 버터를 넣고 양파가 투명해질 때까지 볶는다.

3 양파가 투명해지면 옥수수와 우유를 넣은 뒤 중불에서 10분간 끓이다가 핸드믹서로 곱게 갈고 체에 한 번 거른다. 먹기 직전 기호에 따라 핑크솔트, 후춧가루로 간한다.

니수아즈 샐러드

1 뚜껑이 있는 병에 드레싱 재료를 넣은 뒤 뚜껑을 덮고 세게 흔들어 비네그레트 드레싱을 만들어 냉장 보관한다.

2 참치는 체에 밭쳐 기름을 빼둔다.

3 냄비에 감자, 물, 약간의 소금을 넣고 15분 정도 삶은 뒤 포크나 꼬치로 찔러 감자가 익었는지 확인한다.

4 삶은 감자는 껍질을 벗긴 뒤 반으로 잘라 그릇에 담고 따뜻할 때 비네그레트 드레싱 2~3큰술을 뿌려 식힌다.

5 냄비에 달걀과 물을 넣고 12분간 끓인다. 삶은 달걀은 찬물에 담가 한 김 식힌 뒤 껍데기를 벗겨 반달 모양으로 4등분한다.

6 끓는 물에 소금을 조금 넣고 그린빈을 1분 정도 데친 뒤 식힌다.

7 적양파는 얇게 채 썰고, 토마토는 4등분한다.

8 그릇에 알감자와 참치, 그린빈, 토마토, 삶은 달걀, 적양파를 섞어 담고 비네그레트 드레싱을 뿌린다.

Salads with Juice or Soup

Waldorf Salad + Yam Banana Smoothie

월도프 샐러드 + 바나나 마 스무디

'사라다'의 원조 격인 월도프 샐러드예요. 사과와 셀러리, 호두를 마요네즈 드레싱으로 가볍게 코팅하듯 버무려 만드는데 고소한 마요네즈가 아삭아삭 향긋한 셀러리, 사과의 맛을 한층 더 돋보이게 만들어 준답니다. 곁들임 메뉴로는 부드럽고 든든한 바나나 마 스무디를 소개할게요.

INGREDIENTS (1인분)

샐러드 재료

□ 사과 1개
□ 셀러리 1/2대
□ 씨 없는 포도 1/2컵
□ 라즈베리 20g
□ 설탕 1큰술
□ 레몬즙 2작은술
□ 애플민트잎 약간(생략 가능)

호두 마요 드레싱

□ 플레인 요거트 80g
□ 호두 30g
□ 마요네즈 2큰술
□ 핑크솔트 약간

바나나 마 스무디

□ 바나나 1개
□ 우유 200mL
□ 마 20g

DIRECTIONS

월도프 샐러드

1 중불로 달군 마른 팬에 호두를 넣고 노릇하게 굽는다.

2 사과는 껍질째 깨끗이 씻어 한 입 크기로 깍둑썰기 한 뒤 설탕과 레몬즙을 넣어 버무려둔다.
   TIP 변색이 빠른 과일을 레몬즙으로 버무려두면 산화를 지연시킬 수 있어요.

3 포도는 반 자르고, 셀러리는 1cm 길이로 썬다.

4 드레싱 재료를 한데 넣고 고루 섞어 호두 마요 드레싱을 만든다.
   TIP 플레인 요거트 대신 같은 양의 사워크림을 넣어도 좋아요. 꿀이나 올리고당을 넣어 단맛을 추가해도 좋아요.

5 ④의 볼에 사과, 셀러리와 포도를 넣어 고루 버무린다.

6 그릇에 완성된 샐러드를 옮겨 담고 라즈베리와 애플민트잎을 올린다.

바나나 마 스무디

1 마와 바나나는 껍질을 벗긴 뒤 큼직하게 자른다.

2 믹서에 자른 마와 바나나, 우유를 넣고 곱게 간다.
   TIP 기호에 따라 꿀을 추가해도 좋아요.

Blue Cheese and Potato Salad + Mushroom Soup

블루치즈 감자 샐러드 + 버섯 수프

알감자와 블루치즈, 베이컨의 맛이 조화롭게 어우러지는 샐러드예요. 고소한 감자와 짭짤한 베이컨 중간중간 블루치즈의 톡 쏘는 향과 맛이 입안을 즐겁게 해요. 부드럽고 고소한 버섯 수프와도 맛의 밸런스가 잘 어울리니 꼭 한 번 만들어보세요.

INGREDIENTS (1인분)

샐러드 재료

- □ 알감자 10개
- □ 달걀 1개
- □ 베이컨 15g
- □ 블루치즈 10g
- □ 프리세 10g
  (또는 치커리)
- □ 소금 약간

홀그레인 비네거 드레싱

- □ 엑스트라버진 올리브오일 2큰술
- □ 홀그레인 머스터드 2작은술
- □ 레드와인 식초 1큰술
- □ 꿀 1큰술
- □ 다진 양파 1큰술
- □ 다진 이탈리안 파슬리 약간
- □ 후춧가루 약간

버섯 수프(2인분)

- □ 우유 500mL
- □ 양송이버섯 400g
- □ 생크림 200mL
- □ 버터 100g
- □ 양파 1/2개
- □ 마늘 2톨
- □ 핑크솔트 약간
- □ 후춧가루 약간

DIRECTIONS

버섯 수프

1 양송이버섯과 양파, 마늘은 얇게 썬다.

2 중불로 달군 냄비에 버터를 녹인 뒤 양송이버섯과 양파, 마늘을 넣고 5분간 볶는다.

3 채소가 어느 정도 노릇하게 익으면 우유를 넣고 15분간 끓인다.

4 핸드믹서로 곱게 간 뒤 생크림을 넣고 핑크솔트와 후춧가루로 간한다.

블루치즈 감자 샐러드

1 감자는 껍질째 깨끗이 씻는다. 냄비에 감자와 약간의 소금, 감자가 잠길 정도로 물을 부어 15분 정도 삶은 뒤 포크나 꼬치로 찔러 익었는지 확인하고 식혀둔다.

   TIP 알감자 대신 일반 감자를 한 입 크기로 잘라 준비해도 좋아요.

2 베이컨은 잘게 다진 뒤 센 불로 달군 팬에 올려 바삭바삭해질 때까지 굽고 다 구워진 베이컨은 키친타월에 올려 기름을 제거한다.

3 냄비에 달걀과 물을 넣고 7분간 끓여 반숙으로 익힌다. 삶은 달걀은 찬물에 담가 한 김 식힌 뒤 껍데기를 벗겨 반 자른다.

4 볼에 드레싱 재료를 넣고 골고루 섞어준다.

5 ④에 삶은 알감자, 베이컨을 넣고 가볍게 버무린다.

6 접시에 프리세를 깐 뒤 감자 샐러드와 달걀을 올리고 블루치즈를 잘게 부숴 뿌린다.

Melted Cheese on Tomato Salad + Ice Americano

구운 치즈 토마토 샐러드 + 아이스 아메리카노

토마토와 치즈는 샐러드에 자주 사용하는 재료이지만, 오븐에 살짝 구워내면 또 다른 맛의 샐러드를 만들 수 있어요. 이 샐러드에서는 노릇하게 구운 베이컨과 고소한 견과류까지 곁들여 다채로운 맛을 더했답니다. 이 샐러드에 아메리카노 한 잔을 곁들이면 주말 아침을 깨우는 브런치로 정말 잘 어울려요.

INGREDIENTS

샐러드 재료

□ 송이토마토 3개
  (또는 토마토 2개)
□ 어린잎채소 100g
□ 미니 모차렐라치즈 6알
□ 베이컨 80g
□ 호두·아몬드 30g
□ 바질잎 10g

레몬 오일 드레싱

□ 엑스트라버진 올리브오일 3큰술
□ 레몬즙 2큰술
□ 설탕 1작은술

DIRECTIONS

1   어린잎채소와 바질잎은 흐르는 물에 씻은 뒤 체에 밭쳐 물기를 없앤다.
    TIP 오븐은 180도로 예열해두세요.

2   토마토는 꼭지를 뗀 뒤 반 자른다.
    TIP 일반 토마토를 사용할 경우 반달 모양으로 4등분하세요.

3   자른 단면 위에 미니 모차렐라치즈를 1개씩 올린다.

4   180도로 예열한 오븐에 치즈 올린 토마토를 넣고 치즈가 녹아내릴 때까지 15분간 굽는다.

5   ③의 토마토를 접시에 옮겨 담고 오븐팬 위에 베이컨을 올려 오븐 잔열로 5분간 익힌다. 구운 베이컨은 먹기 좋은 크기로 자른다.

6   드레싱 재료를 한데 넣고 고루 섞어 레몬 오일 드레싱을 만든다.

7   접시에 어린잎채소과 바질잎을 섞어 담고 구운 토마토와 베이컨, 견과류를 올린다.

8   먹기 직전 레몬 오일 드레싱을 뿌린다.

Salads with Juice or Soup

Roasted Pumpkin Salad + Caffe Latte

구운 단호박 샐러드 + 따뜻한 라떼

단호박은 설탕을 살짝 뿌려 구우면 단맛이 극대화돼 캐러멜처럼 달콤해져요. 여기에 미니 모차렐라치즈, 프로슈토까지 올려 단짠단짠 매콤한 샐러드를 만들어보세요. 호사스러운 한 끼 샐러드로도 좋고, 손님상에 내어도 근사해요. 곁들이는 음료는 따뜻한 우유를 듬뿍 넣은 라떼를 추천해요.

INGREDIENTS （1인분）

샐러드 재료

□ 단호박 1/3개
□ 미니 모차렐라치즈 10알
□ 잎채소 100g
　（치커리, 어린잎채소 등）
□ 프로슈토 2조각(30g)
□ 크루통 20g
□ 선드라이드 토마토 20g
□ 설탕 1큰술

스리라차 요거트 드레싱

□ 플레인 요거트 3큰술
□ 스리라차소스 1큰술
□ 레드와인 식초 1큰술
□ 꿀 1큰술

DIRECTIONS

1　단호박은 반 잘라 수저로 속을 파낸 뒤 칼이나 필러를 사용해 껍질을 제거한다. 껍질 자른 단호박은 1cm 두께로 슬라이스한다.
　　TIP 오븐은 180도로 예열해두세요.

2　오븐팬 위에 자른 단호박을 올리고 설탕을 솔솔 뿌린다.

3　180도로 예열된 오븐에 넣고 20분간 구운 뒤 뒤집어서 15분간 더 굽는다.

4　③의 단호박이 다 구워지면 그릇에 옮겨 담고 오븐팬 위에 프로슈토를 올려 오븐 잔열로 5분간 익힌다. 구운 프로슈토는 먹기 좋은 크기로 찢는다.

5　잎채소는 흐르는 물에 씻은 뒤 체에 받쳐 물기를 뺀다.

6　드레싱 재료를 한데 넣고 고루 섞어 스리라차 요거트 드레싱을 만든다.

7　접시에 잎채소를 깔고 구운 단호박과 프로슈토, 크루통, 미니 모차렐라치즈, 선드라이드 토마토를 올린다.

8　먹기 직전 스리라차 요거트 드레싱을 뿌린다.

Salads with Juice or Soup

Roasted Zucchini & Burrata Cheese Salad + Green Juice

구운 주키니와 부라타치즈 샐러드 + 그린 주스

서양 호박인 주키니는 애호박과 비슷하지만 좀 더 단단한 식감을 가지고 있어요. 그릴팬에 노릇하게 구운 뒤 프로슈토와 부라타치즈를 조금씩 올려 먹으면 담백한 주키니가 짠맛을 중화시켜 프로슈토의 맛을 온전히 느낄 수 있게 해준답니다. 색다른 샐러드 한 끼가 필요할 때 제격이에요. 곁들임 메뉴로는 케일과 사과, 오이를 갈아 만든 깔끔한 그린 주스를 준비했어요.

INGREDIENTS
(1인분)

샐러드 재료

□ 주키니 200g
□ 부라타치즈 120g
□ 프로슈토 100g
□ 루꼴라 100g
□ 호두 60g
□ 적양파 1/2개
□ 카놀라유 약간
□ 핑크솔트 약간
□ 후춧가루 약간

허니 레몬 드레싱

□ 엑스트라버진 올리브오일 1/3컵
□ 꿀 2큰술
□ 레몬즙 약간
□ 핑크솔트 약간

그린 주스(2인분)

□ 케일 2장
□ 사과 1/2개
□ 오이 1/2개
□ 레몬 1/2개
□ 물 300mL

DIRECTIONS

구운 주키니와 부라타치즈 샐러드

1 주키니는 꼭지를 잘라낸 뒤 2cm 두께로 썰어 핑크솔트와 후춧가루로 밑간한다.

2 중불로 달군 그릴팬에 카놀라유를 바르고 주키니를 올려 살짝 그을릴 때까지 2~3분 정도 굽는다.

3 루꼴라는 흐르는 물에 씻은 뒤 체에 밭쳐 물기를 없애고 적양파는 얇게 슬라이스한 뒤 찬물에 담가둔다.

4 호두는 마른 팬에 살짝 볶고, 부라타치즈는 체에 밭쳐 물기를 뺀다.

5 드레싱 재료를 한데 넣고 고루 섞어 허니 레몬 드레싱을 만든다.

6 프로슈토는 한 입 크기로 자른다.

7 그릇에 루꼴라와 적양파를 섞어 담고 구운 주키니와 프로슈토, 부라타치즈, 구운 호두를 올린다.

8 먹기 직전 허니 레몬 드레싱을 뿌린다.

그린 주스

1 케일은 흐르는 물에 씻은 뒤 물기를 털어내고 적당한 크기로 자른다.

2 레몬은 껍질과 씨를 제거한 뒤 오이와 사과와 함께 한 입 크기로 깍둑썰기 한다.

3 믹서에 케일과 레몬, 오이, 사과, 물을 넣고 곱게 간다.
   TIP 기호에 따라 키위를 넣어도 좋아요.

Salad
in
a Sandwich

Part 5

빵에 끼워 먹는 샐러드

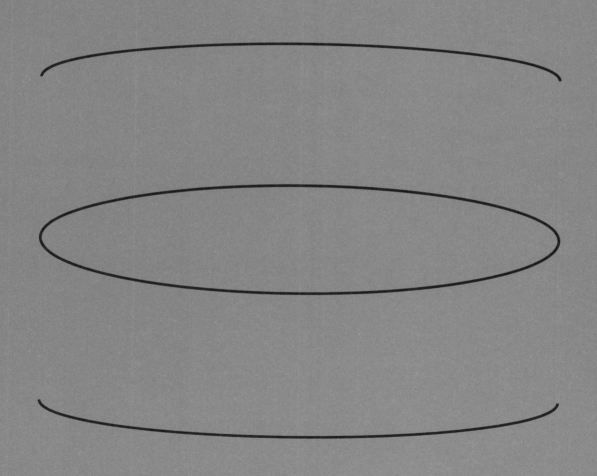

샐러드, 빵과 함께 즐겨요.

Salad in a Sandwich

에그 샐러드나 참치 샐러드 등 샐러드 재료를 잘게 썰거나 으깨 드레싱으로 버무린 샐러드들은 그냥 먹어도 맛있지만 빵에 끼워 먹어도 훌륭한 원 소스 멀티 유즈 샐러드가 됩니다. 이 파트의 샐러드들은 주말 오전 느즈막이 준비하는 브런치나 도시락으로 준비해보세요.

Avocado Chicken Salad Wrap

아보카도 치킨 샐러드 랩

부드러운 닭안심을 멕시칸 칠리파우더로 매콤하게 밑간해 구운 뒤
아보카도 페이스트와 요거트 드레싱으로 버무린 치킨 샐러드예요.
그냥 먹어도 맛있지만 토르티야에 돌돌 감싸 먹으면 시판 랩 샌드
위치 못지않게 맛있어요.

INGREDIENTS

기본 재료

□ 닭안심(100g) 2개
□ 아보카도 1개
□ 토마토 1개
□ 할라피뇨 1개
□ 오이 피클 20g
□ 로메인 2줌
□ 바질잎 1줌
□ 슈레드치즈 1큰술
□ 멕시칸 칠리파우더 2작은술
□ 카놀라유 약간

그릭 요거트 드레싱

□ 그릭 요거트 80g
□ 레몬즙 4큰술
□ 올리고당 1큰술
□ 핑크솔트 약간

빵

□ 토르티야(20cm) 1장

DIRECTIONS

1 닭안심은 가운데 힘줄을 제거한 뒤 길게 2등분해 멕시칸
  칠리파우더로 밑간한다.

2 로메인은 흐르는 물에 씻은 뒤 체에 밭쳐 물기를 뺀다.

3 아보카도는 반 잘라 씨를 제거한 뒤 숟가락으로 과육을 파낸다.
  과육은 포크나 매셔로 곱게 으깨 준비한다.

4 토마토는 씨 부분을 파내고 굵게 채 썬다.

5 할라피뇨와 오이 피클, 바질잎은 잘게 다진다.

6 중불로 달군 팬에 카놀라유를 두르고 밑간한 닭안심을 올려
  노릇하게 굽는다.

7 드레싱 재료를 한데 넣고 고루 섞어 그릭 요거트 드레싱을 만든다.

8 볼에 닭안심 구이, 으깬 아보카도, 채 썬 토마토, 다진 할라피뇨와
  오이 피클, 바질잎, 드레싱, 슈레드치즈를 넣고 살살 버무려
  샐러드를 만든다.

9 토르티야는 전자레인지에 20초간 돌려 말랑하게 데운 다음
  로메인을 깔고 샐러드를 올린 뒤 돌돌 말아 치킨 샐러드 랩을
  만든다.

Salad in a Sandwich

Crab Salad Croissant Sandwich

게살 샐러드 크루아상 샌드위치

단 10분이면 뚝딱 만들 수 있는 초간단 게살 샐러드예요. 크래미만 잘게 찢으면 준비는 거의 끝이랍니다. 맛내기 비결은 후춧가루를 넉넉히 넣는 것! 크리미한 소스 사이에 은은하게 퍼지는 후춧가루와 짭조름한 게살, 크루아상의 고소함이 정말 잘 어울려요.

INGREDIENTS (1인분)

기본 재료

☐ 크래미 140g
☐ 오이 1/2개
☐ 적양파 50g
☐ 페타치즈 10g(생략 가능)

요거트 마요 드레싱

☐ 그릭 요거트 1/2컵
☐ 마요네즈 1/4컵
☐ 사과식초 2큰술
☐ 설탕 1작은술
☐ 핑크솔트 1/4작은술
☐ 후춧가루 1/2작은술

빵

☐ 크루아상 1개

DIRECTIONS

1   크래미는 손으로 가늘게 찢어둔다.

2   오이는 껍질째 씻은 뒤 물렁한 씨 부분을 도려내고 적양파와 함께 얇게 채 썬다.

3   드레싱 재료를 한데 넣고 고루 섞어 요거트 마요 드레싱을 만든다.

4   볼에 가늘게 찢은 크래미, 채 썬 오이와 적양파, 드레싱, 잘게 부순 페타치즈를 넣고 고루 버무려 샐러드를 만든다.
    TIP 허브 딜 1~2줄기를 넣어도 맛있어요.

5   크루아상을 가로로 깊게 반 잘라 벌린 뒤 게살 샐러드를 채운다.

Tuna Macaroni Salad Sandwich

참치 마카로니 샐러드 샌드위치

평범한 참치마요에 몇 가지 재료를 추가해 색다른 맛과 식감을 더한 샐러드로 업그레이드시켜보세요. 모닝빵이나 브리오슈 같은 부드러운 빵에 끼우면 남녀노소 모두 좋아하는 샐러드 샌드위치를 준비할 수 있어요.

INGREDIENTS (1인분)

기본 재료

- □ 통조림 참치 130g
- □ 마카로니 40g
- □ 냉동 완두콩 40g
- □ 양파 1/8개(30g)
- □ 셀러리 1/4대(30g)
- □ 오이 피클 30g
- □ 프리세 2장
  (또는 치커리)
- □ 마요네즈 1큰술
- □ 사워크림 1½큰술
- □ 후춧가루 1/2작은술
- □ 핑크솔트 1작은술

빵

- □ 모닝빵 2개
  (또는 브리오슈)

DIRECTIONS

1 통조림 참치는 체에 밭쳐 기름기를 빼둔다.

2 냄비에 물과 약간의 소금을 넣고 중불에서 끓인 뒤 물이 끓어오르면 마카로니를 넣어 10분 정도 삶는다. 삶은 마카로니는 찬물에 헹군 뒤 체에 밭쳐 물기를 뺀다.

3 냉동 완두콩은 끓는 물에 살짝 데친 뒤 체에 밭쳐 물기를 뺀다.

4 프리세는 흐르는 물에 씻은 뒤 체에 밭쳐 물기를 뺀다.

5 양파와 셀러리, 오이 피클은 잘게 다진다.

6 볼에 빵을 제외한 모든 재료를 넣고 고루 섞어 참치 마카로니 샐러드를 만든다.

7 모닝빵을 가로로 깊게 반 잘라 벌린 뒤 프리세를 얹고 샐러드를 채워 샌드위치를 만든다.

Brie Cheese and Grilled Tomato Salad Sandwich

브리치즈와 구운 토마토 샐러드 샌드위치

가볍게 한 끼 해결하고 싶거나 핑거푸드가 필요할 때 추천하는 구운 토마토 샐러드 샌드위치예요. 방울토마토를 오븐에 구운 뒤 드레싱으로 버무리고 브리치즈를 얹어 구운 바게트 위에 올려 내면 끝이에요. 만드는 법이 간단한데 비해 맛은 아주 고급스러운 샌드위치랍니다.

INGREDIENTS　　(1인분)

기본 재료

☐ 방울토마토 12개
☐ 브리치즈 1/4개

어니언 머스터드 드레싱

☐ 양파 1/2개
☐ 엑스트라버진 올리브오일 1/4컵
☐ 레드와인 식초 2큰술
☐ 디종 머스터드 1큰술
☐ 바질가루 1큰술
☐ 이탈리안 파슬리 약간

빵

☐ 바게트 슬라이스 3조각

DIRECTIONS

1　방울토마토는 꼭지를 뗀 뒤 180도로 예열한 오븐에 넣어 10분간 굽는다.

2　드레싱용 양파와 이탈리안 파슬리는 잘게 다진다.

3　드레싱 재료를 한데 넣고 고루 섞어 어니언 머스터드 드레싱을 만든다.

4　구운 방울토마토에 드레싱을 넣고 살살 버무려 샐러드를 만든다.

5　브리치즈는 0.5cm 두께로 길게 썰어 바게트 위에 올린다.

6　180도로 예열된 오븐에 바게트를 넣고 치즈가 살짝 녹을 때까지 5분간 굽는다.

7　치즈를 올려 구운 바게트 위에 토마토 샐러드를 올린다.

Curried Egg Salad Sandwich

커리 에그 샐러드 샌드위치

재료를 으깨 드레싱과 섞어 만드는 샐러드 중 가장 많은 사랑을 받는 것이 이 에그 샐러드 아닐까요? 이 레시피에서는 카레가루와 셀러리, 케이퍼를 더해 평소 먹던 에그 샐러드와는 다른 맛을 내보았어요. 살짝 더한 스파이시한 맛이 플레인한 빵에 아주 잘 어울린답니다.

INGREDIENTS (1인분)

기본 재료

☐ 달걀 3개
☐ 양파 1/8개(30g)
☐ 셀러리 10g
☐ 마요네즈 4큰술
☐ 허니 머스터드 1큰술
☐ 케이퍼 2작은술
☐ 카레가루 1/2작은술

빵

☐ 통밀 식빵 2장

DIRECTIONS

1 냄비에 달걀과 물을 넣고 12분간 끓인다. 삶은 달걀은 찬물에 담가 한 김 식혀 껍데기를 벗긴다.

2 큰 볼에 삶은 달걀을 넣고 포크나 매셔로 으깬다.

3 셀러리와 양파는 잘게 다진다.

4 으깬 달걀에 다진 셀러리와 양파, 마요네즈, 허니 머스터드, 케이퍼, 카레가루를 넣고 골고루 섞어 샐러드를 만든다.
   TIP 기호에 따라 타바스코소스나 겨자를 조금 추가해도 맛있어요.

5 토스트기나 마른 팬에 통밀 식빵을 살짝 구운 뒤 에그 샐러드를 듬뿍 올린다.

6 나머지 빵으로 덮은 뒤 먹기 좋은 크기로 자른다.

Salad in a Sandwich

Mashed Sweet Potato and Pumpkin Salad Sandwich

고구마와 단호박 샐러드 샌드위치

고구마와 단호박을 부드럽게 으깨 마요네즈와 그릭 요거트로 버무린 심플한 매시드 샐러드예요. 고구마와 단호박의 단맛이 이미 강하기 때문에 들어가는 재료가 적어도 충분히 달고 맛있어요. 이 레시피에서는 살짝 거친 통밀 모닝빵을 준비했는데 부드러운 모닝빵이나 식빵으로 만들어도 좋아요.

INGREDIENTS

1인분

기본 재료

☐ 고구마 2개(300g)
☐ 단호박 1/4개
☐ 마요네즈 1큰술
☐ 설탕 1큰술
☐ 그릭 요거트 2작은술
☐ 레몬즙 2작은술

빵

☐ 통밀 모닝빵 3개

Salad in a Sandwich

1 고구마는 껍질째 씻어 큼지막하게 자른다. 단호박도 반 잘라 수저로 씨를 파낸 뒤 크게 썬다.

2 찜기에 고구마와 단호박을 올려 속이 완전히 익을 때까지 20~30분간 찐다. 찐 고구마와 단호박은 포크나 꼬치로 찔러 익었는지 확인하고 식혀둔다.

3 큰 볼에 찐 고구마와 단호박을 넣고 포크나 매셔로 으깬다.

4 으깬 고구마와 단호박에 마요네즈, 설탕, 그릭 요거트, 레몬즙을 넣고 고루 섞어 샐러드를 만든다.
   TIP 기호에 따라 다진 아몬드나 호두 등 견과류를 넣어도 좋아요.

5 모닝빵은 가로로 깊게 반 잘라 벌린 뒤 고구마 샐러드를 듬뿍 넣어 속을 채운다.

Salad in a Sandwich

Vegetarian Cobb Salad Sandwich

베지 콥 샐러드 샌드위치

가끔 고기 없는 프레시한 샌드위치가 먹고 싶을 때 좋은 레시피예요. 작게 깍둑 썬 토마토와 오이를 재료 고유의 맛을 살리는 최소한의 드레싱으로 버무려 재료 고유의 맛을 살리고, 호밀빵 위에 올려 먹는 심플한 샌드위치랍니다. 토마토와 오이의 맛이 뻔할 것 같지만, 허브 크림치즈와 만나 색다른 맛을 내요. 파티의 핑거푸드로 준비해도 좋아요.

INGREDIENTS

기본 재료

□ 토마토 1개
□ 오이 1/2개(100g)
□ 엑스트라버진 올리브오일 1큰술
□ 핑크솔트 약간
□ 후춧가루 약간
□ 양파 플레이크 약간(생략 가능)

빵

□ 허브 크림치즈 2큰술
□ 호밀빵 2조각

DIRECTIONS

1. 토마토와 오이는 물컹거리는 씨 부분을 제거한 뒤 사방 1cm 크기로 깍둑썰기 한다.

2. 깍둑 썬 토마토와 오이에 올리브오일과 핑크솔트, 후춧가루를 넣고 버무려 콥 샐러드를 만든다.

3. 빵 위에 크림치즈 한 스푼을 고르게 펴 바른 뒤 콥 샐러드를 얹고 양파 플레이크를 조금 올려 샌드위치를 만든다.
   TIP 당근 라페(25쪽 참고)나 코울슬로(31쪽 참고)를 올려도 맛있어요.

Carrot Laffe Mascarpone Bagle Sandwich

당근 라페 마스카포네치즈 베이글

당근 라페로 아주 간단하게 만드는 샐러드 베이글이에요. 당근 라페는 한 번 만들어두면 활용도가 높은 저장식이죠. 어린잎채소와 새콤한 당근 라페가 고소하고 크리미한 마스카포네치즈, 달콤한 크랜베리와 잘 어울려요. 프레시한 맛의 샌드위치를 좋아한다면 꼭 한 번 만들어 보세요.

INGREDIENTS
(1인분)

기본 재료

□ 프리세 80g
　(또는 어린잎채소)
□ 당근 라페(25쪽 참고) 60g
□ 마스카포네치즈 40g
□ 건크랜베리 10g

레몬 갈릭 드레싱

□ 엑스트라버진 올리브오일 3큰술
□ 레몬즙 2큰술
□ 다진 마늘 1큰술
□ 꿀 1작은술
□ 핑크솔트 약간
□ 후춧가루 약간

빵

□ 베이글 1개

DIRECTIONS

1 프리세는 흐르는 물에 씻은 뒤 체에 밭쳐 물기를 뺀다.
　TIP 프리세 대신 치커리로 대체해도 좋아요.

2 드레싱 재료를 한데 넣고 고루 섞어 레몬 갈릭 드레싱을 만든다.

3 볼에 프리세와 당근 라페, 레몬 갈릭 드레싱, 건크랜베리를 넣고 고루 섞어 샐러드를 만든다.

4 베이글은 반 잘라 토스트기나 중불로 달군 마른 팬에 살짝 굽는다.

5 구운 베이글 위에 마스카포네치즈를 듬뿍 바른 뒤 당근 라페 샐러드를 얹는다.

Salad in a Sandwich

Warm Bowls
&
Poke

Part 6

웜 볼 & 포케

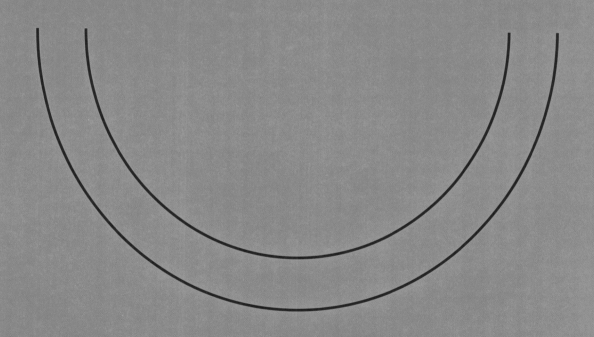

샐러드, 이제 따뜻한 밥과 함께 즐겨요.

Warm Bowls & Poke

샐러드를 가장 든든하게 즐기는 방법이 무엇일까요? 바로 따뜻한 밥과 함께 즐기는 방법이 아닐까요? 이 파트에서는 흰쌀밥보다 영양소가 풍부한 곡물을 베이스로 한 웜 그레인 볼과 포케를 소개합니다. 따뜻한 밥 위에 샐러드라니, 생소해 보일 수도 있겠지만 막상 먹어보면 생각보다 잘 어울리는 맛에 놀라게 될 거예요!

Mixed Grains

곡물 베이스

웜 볼에는 따뜻한 곡물이 들어가죠? 잡곡밥이나 현미밥을 사용해도 되지만, 미리 몸에 좋은 곡물과 콩류를 삶아 두었다가 냉동 보관해두면 더 건강한 샐러드를 만들 수 있어요. 이 페이지에서는 샐러드에 두루 쓰이고 맛과 영양, 풍미까지 꽉꽉 채운 곡물 베이스 만드는 법을 알려드릴게요.

INGREDIENTS

기본 재료

☐ 퀴노아 100g
☐ 귀리 100g
☐ 병아리콩 100g
☐ 렌틸콩 100g
☐ 양파 오일(33쪽 참고) 4큰술
　　(또는 올리브오일)
☐ 핑크솔트 약간

DIRECTIONS

1 병아리콩과 귀리는 물을 넉넉히 부어 6시간 정도 불린다. 렌틸콩과 퀴노아도 같은 방법으로 1시간 정도 불린다.
   TIP 곡물과 콩은 기호에 따라 다른 것으로 바꿔도 좋아요.
   압력솥을 이용한다면 콩과 곡물 불리는 과정을 생략할 수 있습니다.

2 불린 곡물과 콩은 체에 밭쳐 흐르는 물에 한번 헹군다.

3 냄비에 불린 곡물과 콩, 소금, 물을 넣고 센 불에서 15분 정도 끓인다.
   TIP 압력솥이 있다면 압력솥을 이용하세요.

4 중불로 줄인 뒤 5분 정도 더 끓이고 불에서 내려 10분 정도 뜸을 들인다.

5 곡물 베이스를 한 김 식힌 뒤 양파 오일을 넣고 버무려 풍미를 더한다.

6 밀폐용기에 100~200g씩 나눠 담고 냉동 보관한다.

7 냉동 보관한 곡물 베이스는 사용하기 1시간 전 실온에 꺼내두었다가 그대로 사용하거나 전자레인지에 3~4분 정도 데워 사용한다.

Chilli Bacon Warm Bowl Salad

칠리 베이컨 웜 볼

웜 볼, 이제 집에서 만들어보세요. 집에서 만들기 어렵지 않거든요.
고소한 곡물밥 사이사이 바싹 구운 베이컨과 옥수수, 토마토, 달걀
등을 원하는 만큼 푸짐하게 담으면 끝입니다. 이 웜 볼의 마지막
킥은 레드렐리시 드레싱! 매콤한 드레싱이 이 푸짐한 샐러드를 끝
까지 맛있게 먹을 수 있게 해준답니다.

INGREDIENTS   1인분

기본 재료

☐ 곡물 베이스(180쪽 참고) 200g
☐ 샐러드 믹스 100g
☐ 베이컨 80g
☐ 달걀 1개
☐ 통조림 옥수수 40g
　 (또는 초당옥수수 1개)
☐ 방울토마토 4개

레드렐리시 드레싱

☐ 마요네즈 100g
☐ 스리라차소스 30g
　 (또는 핫소스)
☐ 다진 스위트 렐리시 40g
☐ 올리고당 30g
☐ 연유 10g

DIRECTIONS

1 중불로 달군 팬에 베이컨을 올려 바삭바삭해질 때까지 구운 뒤
　먹기 좋은 크기로 자른다.
　TIP 200도로 예열된 오븐이나 에어프라이어에 15분 정도 구워 준비해도 좋아요.

2 샐러드 믹스는 흐르는 물에 씻은 뒤 체에 밭쳐 물기를 뺀다.

3 통조림 옥수수는 체에 밭쳐 흐르는 물에 헹군 뒤 물기를 빼고,
　방울토마토는 꼭지를 뗀 뒤 반 자른다.
　TIP 초당옥수수는 껍질째 씻은 뒤 전자레인지에 8분간 돌려 익히고, 한 김 식혀 껍질을
　벗긴 뒤 옥수수 알갱이만 잘라내 준비하세요.

4 냄비에 달걀과 물을 넣고 15분간 끓인다. 삶은 달걀은 찬물에
　담가 한 김 식힌 뒤 껍데기를 벗겨 달걀 커터기로 동그랗게
　슬라이스한다.
　TIP 달걀 커터기가 없다면 달걀이 으깨지지 않도록 조심하며 칼로 슬라이스하세요.

5 드레싱 재료를 한데 넣고 고루 섞어 레드렐리시 드레싱을 만든다.

6 볼에 곡물 베이스를 담고 샐러드 믹스를 올린다.

7 채소 위에 베이컨, 달걀, 방울토마토, 옥수수를 가지런히 담고
　드레싱을 곁들여낸다.

Beef Brisket Warm Bowl Salad

차돌박이 웜 볼

부드럽고 고소한 차돌박이로 만든 웜 볼이에요. 든든한 곡물 베이스 위에 신선한 채소와 토마토를 담고, 고소한 차돌박이를 듬뿍 올리면 담백하고 고급스러운 샐러드 한 끼를 만들 수 있답니다.

INGREDIENTS (1인분)

기본 재료

- ☐ 차돌박이 300g
- ☐ 곡물 베이스(180쪽 참고) 200g
- ☐ 어린잎채소 100g
- ☐ 방울토마토 6개
- ☐ 방울양배추 4개
- ☐ 오이 1/2개
- ☐ 브로콜리·콜리플라워 30g
- ☐ 선드라이드 토마토 4개
- ☐ 핑크솔트 약간
- ☐ 후춧가루 약간

오리엔탈 드레싱

- ☐ 올리고당 2큰술
- ☐ 엑스트라버진 올리브오일 2큰술
- ☐ 간장 1½큰술
- ☐ 레몬즙 1큰술
- ☐ 식초 1큰술
- ☐ 디종 머스터드 1작은술
- ☐ 다진 마늘 1작은술

DIRECTIONS

1 어린잎채소는 흐르는 물에 씻은 뒤 체에 밭쳐 물기를 뺀다.

2 브로콜리와 콜리플라워는 끓는 물에 3분 정도 데친 뒤 찬물에 헹구고 체에 밭쳐 물기를 뺀다.

3 방울토마토와 방울양배추는 반 자른다.

4 오이는 껍질째 깨끗이 씻은 뒤 반 잘라 씨 물컹거리는 부분을 제거하고 0.5cm 두께로 어슷썰기 한다.

5 180도 에어프라이어에 반으로 자른 방울양배추를 넣어 10분간 굽는다.
   TIP 중불로 달군 팬에 식용유를 조금 두르고 노릇하게 구워도 좋아요.

6 센 불로 달군 팬에 차돌박이를 넣고 핑크솔트와 후춧가루로 간하며 5분간 볶는다.

7 드레싱 재료를 한데 넣고 고루 섞어 오리엔탈 드레싱을 만든다.

8 볼에 곡물 베이스를 담고 어린잎채소를 올린다.

9 채소 위에 차돌박이, 방울양배추, 방울토마토, 브로콜리와 콜리플라워, 선드라이드 토마토를 담고 간장 오일 드레싱을 곁들여낸다.

Shrimp Warm Bowl

새우 웜 볼

멕시칸 시즈닝으로 구운 새우는 채소 베이스 샐러드에도 잘 어울리지만, 따뜻한 그레인 볼에도 잘 어울리는 재료예요. 미리 만들어둔 곡물 베이스 위에 부드러운 과카몰리와 새콤달콤한 파인애플, 톡톡 터지는 옥수수를 함께 올려 준비해보세요.

INGREDIENTS
(1인분)

기본 재료

- □ 칵테일새우(대) 6개
- □ 샐러드 믹스 100g
- □ 달걀 1개
- □ 곡물 베이스(180쪽 참고) 50g
- □ 파인애플 40g
- □ 통조림 옥수수 20g
- □ 과카몰리(100쪽 참고) 10g
- □ 케이준 시즈닝 1작은술
- □ 카놀라유 1큰술

와사비 마요 드레싱

- □ 마요네즈 3큰술
- □ 고추냉이 1큰술
- □ 레몬즙 1큰술
- □ 설탕 1큰술
- □ 핑크솔트 약간
- □ 후춧가루 약간

DIRECTIONS

1 칵테일새우는 흐르는 물에 씻은 뒤 물기를 제거하고 케이준 시즈닝을 뿌려 밑간한다.

2 샐러드 믹스는 흐르는 물에 헹군 뒤 체에 밭쳐 물기를 뺀다.

3 냄비에 달걀과 물을 넣고 12분간 끓인다. 삶은 달걀은 찬물에 담가 한 김 식힌 뒤 껍데기를 벗겨 달걀 커터기로 동그랗게 슬라이스한다.
   TIP 달걀 커터기가 없다면 달걀이 으깨지지 않도록 조심하며 칼로 슬라이스하세요.

4 통조림 옥수수는 체에 밭쳐 흐르는 물에 헹군 뒤 물기를 뺀다.

5 파인애플은 먹기 좋은 크기로 자른다.

6 드레싱 재료를 한데 넣고 고루 섞어 와사비 마요 드레싱을 만든다.

7 중불로 달군 팬에 카놀라유를 두르고 밑간한 새우를 굽는다.

8 볼에 곡물 베이스를 담은 뒤 샐러드 믹스를 올린다.

9 채소 위에 옥수수, 과카몰리, 새우, 달걀을 올린 뒤 와사비 마요 드레싱을 곁들여낸다.

Salmon and Grain Bowl Salad

연어 그레인 볼

연어와 미소된장은 의외로 맛의 궁합을 자랑하는 조합이에요. 미소된장의 구수하면서 달콤한 맛이 연어와 아주 잘 어울리거든요. 여기서는 씹히는 맛이 좋은 퀴노아와 아스파라거스를 더해 그 어떤 건강식 못지않은 그레인 볼 레시피를 소개합니다.

INGREDIENTS

1인분

기본 재료

□ 연어 200g
□ 퀴노아 1/4컵
□ 브로콜리·콜리플라워 60g
□ 당근 라페(25쪽 참고) 30g
□ 아스파라거스 1개
□ 단호박 1/8개
□ 상추 5장
□ 마늘 오일(32쪽 참고) 1큰술
□ 카놀라유 약간
□ 핑크솔트 약간
□ 후춧가루 약간

미소된장 드레싱

□ 마요네즈 2큰술
□ 레몬즙 2큰술
□ 올리고당 1큰술
□ 다진 마늘 1/2큰술
□ 미소된장 1작은술

1 퀴노아는 물로 씻은 뒤 냄비에 넉넉한 물과 함께 담고 13분간
   끓인다. 익힌 퀴노아는 찬물에 헹구고 물기를 뺀 뒤 마늘 오일로
   버무려 코팅한다.
   TIP 퀴노아 외에 병아리콩이나 귀리, 보리 등 다른 곡물로 대체해도 좋아요.

2 상추는 흐르는 물에 씻은 뒤 체에 밭쳐 물기를 빼고 한 입 크기로
   뜯는다.

3 브로콜리와 콜리플라워는 끓는 물에 30초간 데친 뒤 찬물에
   헹구고 체에 밭쳐 물기를 뺀다.

4 드레싱 재료를 한데 넣고 고루 섞어 미소된장 드레싱을 만든다.

5 단호박은 수저로 속을 파낸 뒤 2cm 두께로 자르고 전자레인지에
   4분간 돌려 익힌다.

6 중불로 달군 팬에 카놀라유를 두르고 아스파라거스를 노릇하게
   익힌다. 익은 아스파라거스는 다른 그릇에 옮겨둔다.

7 ⑥의 팬에 연어를 올리고 핑크솔트와 후춧가루로 간하며 3분간
   굽는다.

8 볼에 상추를 깔고 익힌 퀴노아를 채운다.

9 퀴노아 위에 브로콜리와 콜리플라워, 당근 라페, 단호박, 연어,
   아스파라거스를 올리고 미소된장 드레싱을 곁들여낸다.

Warm Bowls & Poke

Beef Brisket Warm Bowl Salad

홍두깨 웜 볼

담백하지만 든든한 한 끼가 필요할 때 딱 좋은 홍두깨 웜 볼이에요. 홍두깨는 소의 볼기에 붙은 살코기로 담백한 맛이 일품이에요. 여기에 산뜻한 유자 머스터드 드레싱을 뿌리고 마늘 플레이크를 더해 씹히는 맛을 더했답니다.

INGREDIENTS　1인분

기본 재료

☐ 어린잎채소 100g
☐ 퀴노아 1/4컵
☐ 옥수수 1/2개
☐ 비타민 10장
　(또는 시금치)
☐ 마늘 플레이크(32쪽 참고) 20g

홍두깨살 구이

☐ 소고기 홍두깨살 250g
☐ 마늘 오일(32쪽 참고) 약간
☐ 핑크솔트 약간
☐ 후춧가루 약간

유자 머스터드 드레싱

☐ 유자청 2큰술
☐ 마요네즈 2큰술
☐ 엑스트라버진 올리브오일 2큰술
☐ 식초 1큰술
☐ 핑크솔트 약간
☐ 후춧가루 약간

DIRECTIONS

1 퀴노아는 물로 씻은 뒤 냄비에 넉넉한 물과 함께 담고 13분간 끓인다. 익힌 퀴노아는 체에 밭쳐 물기를 뺀다.

2 어린잎채소와 비타민은 흐르는 물에 씻은 뒤 체에 밭쳐 물기를 뺀다.

3 옥수수는 껍질째 씻은 뒤 전자레인지에 8분간 돌려 익히고, 한 김 식혀 껍질을 벗긴 뒤 칼로 알갱이만 잘라낸다.
   TIP 옥수수가 나지 않는 계절이라면 통조림 옥수수로 대체하세요.

4 드레싱 재료를 한데 넣고 고루 섞어 유자 머스터드 드레싱을 만든다.

5 중불로 달군 팬에 마늘 오일을 두른 뒤 홍두깨살을 올리고 핑크솔트와 후춧가루를 뿌려 굽는다.

6 볼에 퀴노아를 담고 어린잎채소와 홍두깨살, 옥수수, 비타민, 마늘 플레이크를 올린 뒤 유자 머스터드 드레싱을 곁들인다.

Hawaiian Poke

하와이안 포케

하와이 말로 자른다는 뜻의 포케, 생선이나 문어를 깍둑썰기 해 곡물 베이스 위에 올려 먹는 날생선 샐러드예요. 현지에서는 참치를 많이 사용하는데 이 레시피에서는 좀 더 친숙한 연어를 네모지게 썰어 병아리콩 위에 올렸어요. 여기에 스리라차로 만든 매콤한 칠리마요 드레싱을 더해 비린 맛 없이 맛있게 먹을 수 있게 했답니다.

INGREDIENTS   1인분

기본 재료

☐ 연어 150g
☐ 어린잎채소 100g
☐ 오이 1/3개
☐ 적양파 1/4개
☐ 초당옥수수 1/2개
☐ 통조림 병아리콩 50g
☐ 과카몰리(100쪽 참고) 50g
☐ 당근 라페(25쪽 참고) 20g
☐ 마늘 오일(32쪽 참고) 1큰술
☐ 레몬 1조각(생략 가능)
☐ 소금 1작은술
☐ 이탈리안 파슬리 약간
☐ 페퍼민트잎 약간

칠리 마요 드레싱

☐ 마요네즈 3큰술
☐ 스리라차소스 1큰술
　(또는 핫소스)
☐ 설탕 1큰술

DIRECTIONS

1 어린잎채소는 흐르는 물에 씻은 뒤 체에 밭쳐 물기를 뺀다.

2 오이는 껍질째 씻은 뒤 동그랗게 슬라이스하고, 소금을 1작은술 넣어 물기가 생길 때까지 15분간 절인다. 절인 오이는 손으로 물기를 꼭 짠다.

3 적양파는 가늘게 채 썬 뒤 찬물에 담가 매운맛을 제거한다.

4 통조림 병아리콩은 체에 밭쳐 물기를 뺀 뒤 마늘 오일에 버무린다.
　 TIP 마른 병아리콩 삶는 법은 86쪽 조리 과정 ①을 참고하세요.

5 옥수수는 칼로 속대에서 알갱이만 잘라낸다.
　 TIP 통조림 옥수수를 사용하면 편리해요. 통조림 옥수수는 체에 밭쳐 흐르는 물에 씻은 뒤 물기를 빼 준비하세요.

6 연어는 사방 1.5cm 크기로 깍둑썰기 한다.

7 드레싱 재료를 한데 넣고 고루 섞어 칠리 마요 드레싱을 만든다.

8 볼에 어린잎채소를 담고 병아리콩과 과카몰리, 당근 라페, 오이, 적양파, 옥수수, 연어, 레몬을 올린 뒤 허브잎을 잘게 잘라 뿌린다.

9 먹기 직전 칠리 마요 드레싱을 뿌린다.

Warm Bowls & Poke

Thai Chicken Salad Bowl

태국식 치킨 샐러드 볼

부드럽고 감칠맛 나는 코코넛 칠리 드레싱을 곁들인 태국식 치킨 샐러드 볼이에요. 몇 가지 채소와 곡물 위에 닭가슴살을 찢어 올리면 되는 간단하지만 맛있는 샐러드랍니다. 채소 풍미 오일로 버무린 퀴노아 위에 채소와 담백하게 구운 닭가슴살, 감칠맛 나는 드레싱을 듬뿍 올려 크게 한 입 드셔보세요.

1인분

기본 재료

☐ 퀴노아 1/4컵
☐ 냉동 완두콩 40g
☐ 당근 20g
☐ 오이 20g
☐ 고수 약간
☐ 마늘 오일(32쪽 참고) 2작은술
☐ 양파 오일(33쪽 참고) 2작은술
☐ 핑크솔트 약간

닭가슴살 구이

☐ 닭가슴살(100g) 1개
☐ 카놀라유 약간
☐ 핑크솔트 약간
☐ 후춧가루 약간

코코넛 칠리 드레싱

☐ 스위트 칠리소스 2큰술
☐ 코코넛 밀크 1큰술
☐ 식초 1큰술
☐ 땅콩버터 1작은술
☐ 다진 마늘 1작은술

1 퀴노아는 물로 씻은 뒤 냄비에 넉넉한 물과 함께 담고 13분간
   끓인다. 익힌 퀴노아는 찬물에 헹군 뒤 물기를 뺀 뒤 마늘 오일로
   버무려 코팅한다.

2 당근과 오이는 사방 1cm 크기로 작게 깍둑썰기 한다.

3 삶은 퀴노아와 깍둑 썬 당근, 오이, 양파 오일, 핑크솔트를 한데
   넣고 버무린다.

4 냉동 완두콩은 끓는 물에 살짝 데치고 체에 밭쳐 물기를 뺀다.

5 드레싱 재료를 한데 넣고 고루 섞어 코코넛 칠리 드레싱을 만든다.

6 중불로 달군 팬에 카놀라유를 두른 뒤 닭가슴살을 올리고
   핑크솔트와 후춧가루로 간하며 노릇하게 굽는다.
   TIP 시판 구운 닭가슴살을 사용하면 편리해요.

7 볼에 ③의 퀴노아를 담은 뒤 구운 닭가슴살을 먹기 좋게 찢어
   올린다.

8 삶은 완두콩과 고수를 올리고 코코넛 칠리 드레싱을 곁들여낸다.

Warm Bowls & Poke

샐러드가 되는 텃밭 이야기

샐러드 채소, 보통 어디서 구하시나요?

대부분 마트나 장보기 앱을 사용하시겠죠? 요즘 장보기 앱에는 마트에서도 구하기 힘든 샐러드 채소들도 갖추고 있어 특별한 샐러드를 만들 때 편리하지요.

저는 샐러드 채소를 좀 독특한(?) 곳에서 구하고 있어요. 저희 집 앞 텃밭과 온실에서요.

햇볕이 점점 따사로워지는 봄이 오면 저는 온실에서 루꼴라, 로메인, 오이, 호박, 가지 토마토, 고수, 각종 허브류 등의 씨앗을 키운답니다. 다 샐러드에서 많이 쓰이는 채소들이지요.

온실에서 모종이 어느 정도 자라면 텃밭에 옮겨 심어요. 텃밭 속 채소들은 뜨거운 여름 햇살과 이슬을 맞으며 하루가 다르게 무럭무럭 자라요. 이 채소들을 뜯어 신선한 샐러드를 만들고, 가족들과 맛있게 먹는 것이 여름날의 큰 즐거움이랍니다. 텃밭이 큰 것은 아니지만 이 시기의 채소는 하룻밤 사이에 무럭무럭 자라기 때문에 매일매일 샐러드를 해 먹어도, 놀러오는 지인들 손에 푸짐하게 들려주어도 부족함이 없지요.

처음부터 텃밭이 풍성했던 것은 아니었어요. 무엇이든 처음엔 서툴 듯 농사도 그랬거든요. 초보 농사꾼이 흔히들 하는 '밭에만 심어두면 자연이 키워주지 않을까' 하는 생각은 반은 틀린 생각이었답니다. 밭에 심은 채소도 자주 들여다보고 손길을 줘야 했어요. 처음엔 서툴고, 조금은 귀찮았는데 지금은 이 시간이 하루 중 힐링이 되는 시간이랍니다. 텃밭을 돌보고 채소를 수확하다 보면 복잡한 머릿속이 정리되는 느낌이거든요. 이거야 말로 일거양득 아닐까 생각했답니다. 신선한 유기농 채소도 얻고, 힐링도 할 수 있다니요.

그래서 여러분도 자신만의 텃밭을 만들어보시길 권합니다. 요즘엔 아파트 베란다에서도 텃밭을 만들 수 있는 다양한 정보들을 어렵지 않게 찾을 수 있어요, 우선 처음엔 아주 작은 텃밭을 만들어 상추 등 키우기 쉬운 채소를 길러보세요. 그 채소가 무럭무럭 자라면 이 책을 보면서 샐러드를 만들어보시고요. 아마 세상에서 제일 맛있는 샐러드를 맛볼 수 있을 거예요.

이제 전원생활 10년 차,
요리하는 멋진 농부가

INDEX

가나다 순

THE SALAD
더 샐러드

발행일 | 초판 1쇄 2022년 9월 5일
　　　　　2쇄 2023년 3월 18일

지은이 | 장연정

발행인 | 박장희
부문 대표 | 정철근
제작 총괄 | 이정아
편집장 | 조한별
마케팅 | 김주희 한륜아 이나현

기획 · 편집 | 안혜진
사진 | 허광(치즈스튜디오)
스타일링 | 장연정 @fromheart_jangstyle
어시스트 | Yenny

디자인 | onmypaper

협찬 | 쿠퍼, 디구앙 @kuper_korea
　　　아네스 @_anesse

발행처 | 중앙일보에스(주)
주소 | (03909) 서울시 마포구 상암산로 48-6
등록 | 2008년 1월 25일 제2014-000178호
문의 | jbooks@joongang.co.kr
홈페이지 | jbooks.joins.com
네이버포스트 | post.naver.com/joongangbooks
인스타그램 | @j__books

ⓒ장연정, 2022

ISBN 978-89-278-6979-5 13590